Sie verwandeln Wüsten in blühende Kontinente, sie breiten sich auch in den entlegensten Gegenden der Welt aus, ihr Lebenswille ist unbezwinglich. Sie sind der Inbegriff natürlicher Schönheit und empfindungsfähiger als Tiere. Pflanzen tauschen sich untereinander aus, sie kommunizieren und sind soziale Wesen. Die eigentlichen Pioniere der Erde sind die Pflanzen. Sie sind Flüchtlinge, Heimkehrer, Kämpfer, Einsiedler und Zeitreisende, und das ohne sich erkennbar zu bewegen. Mühelos verbreiten sich Pflanzen über alle Kontinente hinweg und machen seit fast 500 Millionen Jahren unseren Planeten zu einer fruchtbaren Erde. Zahlreiche Aquarelle veranschaulichen die Schilderungen von Stefano Mancuso. Welche unglaublichen Leistungen Pflanzen, ohne die wir nicht überleben könnten, täglich vollbringen, führt der italienische Bestsellerautor eindringlich vor Augen. Denn wir wissen kaum etwas über die Pflanzen, und was wir wissen, ist falsch. Ein wunderbar gestaltetes Buch, das uns inmitten des Klimawandels auf die unerreichte Schönheit der Natur wieder und wieder achten lässt und mit ihr – und ihren Pflanzen – versöhnt.

Die unglaubliche Reise der Pflanzen

Stefano Mancuso

Aus dem Italienischen übersetzt
von Andreas Thomsen

Mit Aquarellen
von Grisha Fisher

Klett-Cotta

Der Verlag Klett-Cotta dankt Grisha Fisher
und dem Verlag Laterza für die freundliche Genehmigung
zum Druck der in diesem Buch abgebildeten Aquarelle.

FSC
www.fsc.org
MIX
Papier | Fördert
gute Waldnutzung
FSC® C014889

Klett-Cotta
www.klett-cotta.de
Die Originalausgabe erschien unter dem Titel »L'incredibile viaggio delle piante« im Verlag Gius. Laterza & Figli in Bari und Rom

Printed in Germany
Cover: Rothfos & Gabler, Hamburg
unter Verwendung eines Aquarells von © Grisha Fisher
Alle im Buch verwendeten Aquarelle © Grisha Fisher
Fachliche Beratung: Dr. Alexandra Kehl, Tübingen
Gesetzt in den Tropen Studios, Leipzig
Gedruckt und gebunden von Friedrich Pustet GmbH & Co
ISBN 978-3-608-98698-3
E-Book ISBN 978-3-608-11592-5

Zweite Auflage, 2024

Bibliografische Information der Deutschen Nationalbibliothek
Die Deutsche Nationalbibliothek verzeichnet diese Publikation
in der Deutschen Nationalbibliografie; detaillierte bibliografische
Daten sind im Internet über http://dnb.d-nb.de abrufbar.

für Rosaria und Franco, meine Eltern

Inhalt

Einleitung

Erinnern Sie sich an Frank Capras Meisterwerk »Ist das Leben nicht schön?«, mit dem unvergesslichen James Stewart in der Rolle des George Baily? Bestimmt haben die meisten den Film schon einmal angeschaut, in dem der Protagonist wiederholt zugunsten anderer auf die Verwirklichung eigener Träume und Bestrebungen verzichtet.

Als Kind rettet er seinen jüngeren Bruder Harry, der ins Eis eingebrochen ist, und behält ein taubes Ohr davon zurück. Als Erwachsener arbeitet George in der Bausparkasse seines Vaters und sorgt mit eigenen Ersparnissen dafür, dass sein Bruder die Universität besuchen kann. Er heiratet während der Weltwirtschaftskrise 1929 und verwendet das eigentlich für die Hochzeitsreise vorgesehene Geld, um die Bausparkasse zu retten. Verzicht reiht sich an Verzicht und unbemerkt verrinnt sein Leben, bis George sich schließlich nach weiteren Widernissen an einem Weihnachtsabend das Leben nehmen will. Gerade will er sich von der Brücke in den Fluss stürzen, als Clarence, ein Engel zweiter Klasse erscheint. Dieser führt George in eine Parallelwelt, um ihm zu zeigen, wie die Welt aussähe, wäre er niemals geboren worden.

Ich weiß, auf diese sentimentale Weise erzählt, bräuchte es – wie Oscar Wilde über Dickens' Weihnachtsgeschichte »Raritätenladen«

spöttelt – ein Herz aus Stein, um nicht zu lachen. Aber Capra ist es gelungen, aus einer kitschigen Weihnachtsgeschichte einen Meilenstein der Kinogeschichte zu zaubern. Und jetzt, da ich über ihn gesprochen habe, kann ich es kaum erwarten, bis wieder Weihnachten ist und der Film gezeigt wird.

Nun ja, aus meiner Sicht – der eines Pflanzengenetikers wohlgemerkt – erscheint es mir so, als seien die Pflanzen dieses Planeten wie dieser George Bailey. Niemand beachtet sie gebührend, sie werden kaum erforscht und wir wissen noch nicht einmal annähernd, wie viele es überhaupt gibt, wie sie funktionieren oder welche Eigenschaften sie besitzen. Und doch könnte ohne sie keines von uns Tieren überleben. Zweifellos lehrreich wäre, führte uns jemand vom Format eines Frank Capra eines Tages vor Augen, wie die Welt aussähe, hätte es niemals Pflanzen gegeben.

Wir wissen also kaum etwas über Pflanzen und oftmals ist das wenige, das wir zu wissen glauben, auch noch falsch. Wir denken, sie könnten ihre Umgebung nicht wahrnehmen, in Wirklichkeit sind sie empfindungsfähiger als Tiere. Wir sind davon überzeugt, dass ihre Welt still ist und sie nicht in der Lage sind zu kommunizieren, doch sind sie äußerst mitteilsam. Wir glauben, dass sie keinerlei gemeinschaftliche Beziehungen pflegen, doch tatsächlich sind sie ausgesprochen soziale Wesen. Und wir sind uns sicher, dass Pflanzen unbeweglich sind, und davon lassen wir uns auch nicht abbringen. Pflanzen bewegen sich nicht und fertig! Um das zu erkennen, muss man sie doch nur ansehen.

Und doch irren wir uns auch hier, denn Pflanzen sind keinesfalls unbeweglich. Tatsächlich trifft das Gegenteil zu, wenngleich ihre Bewegungen sehr langsam sind und über sehr lange Zeiträume erfolgen. Pflanzen können sich bewegen, nur fortbewegen können sie sich nicht – zumindest nicht, solange sie leben. Das Adjektiv, das sie am besten beschreibt, ist nicht »unbeweglich«, sondern »sesshaft« oder »verwurzelt«, wenn man so will. Ein sesshafter Organismus kann zwar nicht den Ort verlassen, an dem er geboren wurde, aber bewegen kann er sich durchaus. Und wie sehr Pflanzen sich bewegen, kann man den zahllosen Zeitrafferaufnahmen entnehmen, die inzwischen überall im Internet zu finden sind.

Auch wenn Pflanzen im Laufe ihres individuellen Lebens den Standort nicht wechseln können, sind sie über Generationen hinweg dazu in der Lage, auch die entferntesten, unzugänglichsten und ungastlichsten Gegenden zu erobern, mögen diese für das Leben auch noch so ungeeignet erscheinen. Und dabei legen sie eine Hartnäckigkeit und Anpassungsfähigkeit an den Tag, um die man sie nur beneiden kann.

Wie ich bereits in früheren Büchern ausgeführt habe, unterscheiden sich Pflanzen grundlegend von Tieren. Ihr Körper, ihr Aufbau und ihre Strategien sind dem, was man in der Tierwelt vorfindet, oftmals geradezu entgegengesetzt. Tiere besitzen ein Kommandozentrum, Pflanzen sind multizentrisch. Tiere haben einzelne oder doppelte Organe, Pflanzen diffuse. Tiere sind Individuen (in dem Sinne, dass sie unteilbar sind), Pflanzen hingegen ähneln eher Kolonien. Kurz gesagt, bei den Tieren steht die Einzahl im Vordergrund, während es bei den Pflanzen die Mehrzahl ist. Was bei den Tieren das Individuum, ist bei den Pflanzen die Gemeinschaft. Pflanzen sind weit mehr als nur behinderte Tiere und lassen sich nicht durch Vergleiche mit der Tierwelt verstehen.

Erst wenn man sie nicht mehr durch die tierische Brille betrachtet, werden ihre außerordentlichen Fähigkeiten offensichtlich, die letztlich – man mag es kaum glauben – sogar die Fähigkeit zur Fortbewegung einschließen. Wenn man sich mit Migrationsbewegungen befasst, genügt ein Blick auf die Pflanzen, um zu begreifen, dass es sich dabei um einen unaufhaltsamen Prozess handelt. Mithilfe von Sporen, Samen und allen verfügbaren Transportmitteln verbreiten sich die Gewächse von Generation zu Generation und erobern auf diese Weise neue Lebensräume. Farne etwa setzen geradezu astronomische Sporenmengen frei, die vom Wind jahrelang Tausende Kilometer weit getragen werden können. Die Methoden, derer Samen sich bedienen, um alle Weltgegenden zu erreichen, sind erstaunlich. Offenbar hat die Evolution im Laufe der Zeit alles Machbare ausprobiert – und jede von ihr gefundene Lösung scheinen auch ein paar Arten adaptiert zu haben.

So gibt es Samen, die sich mithilfe des Windes ausbreiten oder einfach über den Boden rollen; Samen, die von irgendwelchen Tieren oder bestimmten Tiergruppen wie Ameisen, Vögeln oder Säugetieren verbreitet werden; Samen, die von Tieren gefressen werden oder ihrem Fell anhaften; Samen, die im Wasser schwimmen oder einfach von der Pflanze herabfallen; Samen, die sich durch Schaukeln oder mittels spezieller Mechanismen – wie Austrocknung oder Hydratation der Frucht – von der Mutterpflanze lösen und anderes mehr. Jedes Jahr werden neue raffinierte Strategien entdeckt, die von Pflanzen entwickelt wurden, um die Keimfähigkeit ihrer Samen zu erhöhen. Diese Vielfalt an Möglichkeiten, Verfahren und Mitteln zeigt den unaufhörlichen Expansionsdrang des Lebens, der die Pflanzen jede erdenkliche Umgebung erobern lässt.

Die Geschichte dieser unaufhaltsamen Ausbreitung ist den meisten Menschen unbekannt. Deshalb soll auf den folgenden Seiten davon berichtet werden, wie sich Pflanzen mit der Hilfe von Tieren in der Welt verbreiten, wie es ihnen gelingt, an so unzugänglichen und ungastlichen Orten zu gedeihen, dass sie dort schließlich isoliert bleiben, wie sie der Atombombe oder der Tschernobyl-Katastrophe widerstehen konnten, wie sie Leben auf bislang sterile Inseln bringen, wie sie es schaffen, durch die Jahrhunderte zu reisen, und wie sie die Welt umrunden. Es sind Geschichten über Pioniere, Flüchtlinge, Heimkehrer, Kämpfer, Einsiedler und Zeitreisende, die auf uns warten. Genießen wir die Reise.

Rhamnus
Acanthus
Liliaceae
Adonis Ocean
Allium

Vitex
Julibrissin
Agnus
castus
Adonis Ocean
Punica
Ageratum
coccinea
Oxalis Sea

Pioniere, Kämpfer und Heimkehrer

01

Art: Echte Trauerweide • Domäne: Eukaryoten • Reich: Pflanzen (Plantae) • Abteilung: Gefäßpflanzen (Tracheophyta) • Unterabteilung: Samenpflanzen (Spermatophyta) • Klasse: Bedecktsamer (Magnoliopsida) • Ordnung: Malpighienartige (Malpighiales) • Familie: Weidengewächse (Salicaceae) • Gattung: Weiden *(Salix)* • Wissenschaftlicher Name: *Salix babylonica* • Herkunft: China • Verbreitung: weltweit

Erstes Auftreten in Europa: Um 1700

Der Begriff »Pionier« lässt mich unweigerlich an den Wilden Westen und an die Abenteuergeschichten während der Eroberung des amerikanischen Westens denken. Kaum spricht jemand das Wort »Pionier« aus – schon scheint in meinem Gedächtnis ein Schalter umgelegt: Vor meinem inneren Auge entstehen die Gesichter von Gregory Peck, John Wayne, James Stewart, Eli Wallach, Richard Widmark, Lee Van Cleef, Henry Fonda, Debbie Reynolds und natürlich Karl Malden mit seiner riesigen Nase in »Das war der Wilde Westen«. Und so geht es bestimmt nicht nur mir. Ich bin sicher, die meisten Menschen verbinden mit dem Begriff »Pionier« Westernfilme oder Romane wie die von Emilio Salgari[1]. Einige wenige werden vielleicht auch jene militärischen Spezialeinheiten vor Augen haben, die der kämpfenden Truppe schon seit der Antike buchstäblich den Weg bereiten. Doch, seien wir ehrlich: So gut wie niemand denkt dabei an Pflanzen.

Und das ist eine große Ungerechtigkeit, denn Pflanzen müssten eigentlich das Erste sein, was einem in den Sinn kommt, wenn von Pionieren die Rede ist, und nicht Westernstars aus Hollywood oder das Militär. Denn ohne den Helden unserer Jugend zu nahe treten zu wollen, was ihre Besiedlungsfähigkeiten betrifft, macht den Pflanzen kein anderer Organismus etwas vor. Und das gilt erst recht

Angilops Islands
Aster cap
Aquilegia coast
N
NE
E
SE
S
OS
NO
O
Halimone Village
Tripolium City
Alkanna City
Arganetta beach
Antorium
Azzerolus town
Aspidistra
Anemone river
Crataegus beach
Port Anacamptis
Malvarosa
Nenuphar Harbour
Port Ciclamen
Ailanto cap
Agerato city

für ihre Bedeutung als Wegbereiter für nachfolgende Besiedlungen durch andere Lebewesen – in dieser Hinsicht sind Pflanzen die Pioniere schlechthin. Es gibt kein irdisches Umfeld, in dem Gewächse (gemeint sind sämtliche Organismen mit der Fähigkeit zur Photosynthese) nicht Wurzeln schlagen könnten. Von den eisigen Polarregionen bis zu den heißesten Wüsten, von den Tiefen der Ozeane bis hinauf zu den Gipfeln der Berge haben Pflanzen alles erobert – und tun es weiterhin, sobald sich die Gelegenheit dazu bietet.

Manch einer fragt sich vermutlich, wie es den Pflanzen gelingt, jedwedes Gelände zu bedecken und neue Gebiete zu erschließen oder diese – häufiger noch – langsam, aber unaufhaltsam für die Natur zurückzuerobern. Vor Jahren wurde unweit meines Labors am naturwissenschaftlichen Zentrum der Universität Florenz im Rahmen einer Restrukturierung unserer Streitkräfte ein ehemaliges Armeelager aufgelöst, das von einem Tag auf den anderen sich selbst überlassen blieb. Wegen der Nähe zu meinem Arbeitsplatz konnte ich die Inbesitznahme des verlassenen Areals durch die Pflanzen über viele Jahre hinweg genauestens beobachten. Gleichzeitig machte ich mir Gedanken darüber, wie sich das Kasernengelände für die Untersuchung und Erprobung innovativer Methoden im Rahmen der städtischen Landwirtschaft nutzen ließe. Während ich noch hoffte, ein Versuchsgelände daraus machen zu können, verfolgte ich (beinahe bedauernd), mit welcher Geschwindigkeit und Effizienz die Pflanzen ihre Rückeroberungsstrategien umsetzten. Zwei Jahre nach Aufgabe der Kaserne war die Umfassungsmauer von über 20 verschiedenen Arten bedeckt, darunter der Echte Kapernstrauch *(Capparis spinosa)*, das Große Löwenmaul *(Antirrhinum majus)*, das Mauer-Glaskraut *(Parietaria judaica)* und verschiedene Farne wie die Mauerraute *(Asplenium ruta-muraria)*[2]. Kurz gesagt, es war ein kleiner vertikaler botanischer Garten entstanden, der viele Geschichten zu erzählen hatte.

Gleichzeitig siedelten sich zwischen Mauer und Straße zahlreiche Bäume an. Schon in den ersten Monaten bemerkte ich überall Sprösslinge von Götterbäumen *(Ailanthus altissima)* und Blauglockenbäumen *(Paulownia tomentosa)*, die rasch wuchsen und dabei Teile der Umfassungsmauer einrissen. Die Blauglockenbäume stammen sicherlich von den Samen jenes Exemplars ab, das ich selbst vor Jahren bei meinem Labor gepflanzt habe und an dem ich sehr hänge. Eine Feige *(Ficus carica)* keimte in einem Riss im Asphalt und hat sich zu einem prächtigen Baum entwickelt. Er verdeckt inzwischen einen aus dem Mauerwerk hervortretenden Wachtturm. Später kamen die Acker-Winde *(Convolvulus arvensis)* und die Große Klette *(Arctium lappa)* hinzu, um ihren Platz zu beanspruchen – Letztere ein Anhafter, mit dem wir uns an anderer Stelle noch eingehender befassen werden. Heute, 15 Jahre nach der Aufgabe des Militärlagers, gelingt es nur noch wenigen Strukturen, den Angriffen der Pflanzen zu widerstehen, darunter ein Gebäude aus Stahlbeton, ein Platz und ein riesiger Metalltank, der jedoch bereits erste Anzeichen seiner bevorstehenden Kapitulation erkennen lässt. In kurzer Zeit konnten die Pflanzen ein scheinbar für das Leben ungeeignetes Areal zurückerobern. Das ist zweifellos ein bemerkenswerter Erfolg und doch nichts im Vergleich zu den gewaltigen Eroberungen, die Pflanzen andernorts gelungen sind.

01_a.
Die Pioniere von Surtsey

Anfang November 1963 kam es etwa einhundert Kilometer südlich von Island in 130 Metern Tiefe auf dem Meeresboden zu vulkanischer Aktivität, in deren Verlauf große Mengen Magma freigesetzt wurden. Der vorherrschende Wasserdruck schwächte die explosiven Ausbrüche zunächst ab, doch im Laufe der Zeit wuchs der Vulkankegel immer weiter an, sodass die Eruptionen schließlich die Wasseroberfläche durchstießen. Schon vom 6. bis 8. November hatten Seismografen in Kirkjubæjarklaustur, einer Gemeinde im Süden Islands, eine Reihe kleinerer Beben registriert, deren Epizentrum im Meer etwa 140 Kilometer südöstlich von Reykjavík lag. Am 12. November nahmen die Bewohner der Küstenstadt Vík í Mýrdal den ganzen Tag über einen starken Schwefelwasserstoffgeruch wahr. Und am 13. November maß ein gut ausgerüsteter Fischkutter auf der Suche nach Hering in der Nähe des Unterwasserausbruchs eine um 2,4 Grad erhöhte Meerestemperatur.

Am 14. November um 7:15 Uhr schließlich bemerkte die Besatzung des Kutters *Ísleifur II*, der in denselben Gewässern unterwegs war, mitten auf dem Meer eine Rauchsäule und fuhr in der Annahme darauf zu, ein anderes Schiff sei in Seenot geraten. Stattdessen wurden die Männer jedoch die ersten Augenzeugen der Eruptionen[3]. Gegen 11:00 Uhr desselben Tages war die Rauch- und Aschesäule bereits mehrere Kilometer hoch und das eruptive Material trat aus separaten Kratern aus, die bis zum Nachmittag zu einer einzigen Spalte verschmolzen. Wenige Tage später besaß das Vestmannaeyjar-Archipel bei 63,303 Grad Nord und 20,605 Grad West eine neue, über 500 Meter lange und 45 Meter hohe Insel[4]. Sie wurde Surtsey, isländisch für *Insel des Surt* genannt – nach jenem Feuerriesen der nordischen Mythologie also, der eines Tages mit seinem Flammenschwert den Weltenbrand auslösen soll. Die Eruptionen dauerten bis zum 5. Juni 1967 an. Zu diesem Zeitpunkt erreichte die Insel ihre größte Ausdehnung von etwa 2,7 Quadratkilometern. Seither hat sich ihre Oberfläche durch das Einwirken des Meeres kontinuierlich verringert, sodass sie im Jahr 2012 nur noch etwa 1,3 Quadratkilometer umfasste.

Surtseys Schicksal scheint besiegelt, denn die Erosionskräfte sorgen dafür, dass die Insel in rund hundert Jahren wohl schon wieder verschwunden sein wird – ein kurzes Leben für eine Insel, aber lang genug, um für immer in die Wissenschaftsgeschichte einzugehen. Dank dieses seltenen natürlichen Laboratoriums konnte erstmals mit den Methoden und Werkzeugen der modernen Forschung auf vergleichsweise kleinem Raum detailliert untersucht werden, wie auf einem sterilen Untergrund ein vollständiges Ökosystem entsteht. Als die Lava die Wasseroberfläche durchbrach und deutlich wurde, dass es sich, anders als in vorherigen Fällen, nicht um ein flüchtiges Phänomen handelte[5], erkannte die wissenschaftliche Gemeinschaft die einmalige Gelegenheit, die sich hier bot. Man beschloss, genauestens zu verfolgen, wie sich das Leben auf der entstehenden Insel festsetzen und entwickeln würde. Bereits 1965, als die Eruptionen noch in vollem Gange waren, wurde Surtsey daher zum Naturschutzgebiet erklärt, das nur von Wissenschaftlern betreten werden durfte. Asche, Bimsstein, Sand und Lava warteten nur darauf, vom Leben in Besitz genommen zu werden.

Und es dauerte nicht lange. Die ersten Pflanzen siedelten sich sehr schnell, noch vor Ende der Eruptionen an. Bereits 1965 wurde mit dem Meersenf *(Cakile arctica)* die erste Gefäßpflanze an einem Sandstrand der Insel beobachtet. Der Meersenf ist ein ganz erstaunliches Gewächs. Er ist klein und wirkt auf den ersten Blick uninteressant, doch sein dezentes Erscheinungsbild täuscht. In Wahrheit ist er ein echter Seebär und zäher Erstbesiedler, der in verschiedenen Unterarten in allen Breitengraden vorkommt. Er wächst entlang der Küsten, kann lange Seereisen überstehen und kommt ohne Süßwasser aus. Alle Arten der Gattung *Cakile* sind Halophyten (aus altgriechisch *hals*, Salz und *phyton*, Pflanze), Gewächse also, deren besondere Physiologie es ihnen ermöglicht, mithilfe von Meerwasser und damit unter Bedingungen zu gedeihen, unter denen andere Arten nicht überleben könnten[6].

Doch damit nicht genug. Die Evolution hat den Meersenf mit einem ganzen Paket von Überlebensmechanismen ausgestattet, die bei Bedarf zum Tragen kommen. Ebenso wie der Aston Martin von James Bond über gewisse Sonderausstattungen verfügt, können auch die Arten der Gattung *Cakile* auf eine Reihe von Tricks zurückgreifen, die ihnen jederzeit maximale Überlebenschancen garantieren. Dazu gehört auch die besondere Art, wie der Meersenf seine Samen verbreitet. Wenn diese reif sind, öffnet sich die zweigliedrige Samenschote. Die eine Hälfte fällt unweit der Mutterpflanze zu Boden und wird vom Sand bedeckt, sodass einige Samen auf jeden Fall gute Keimmöglichkeiten haben[7]. Die andere Hälfte hingegen wird vom Meer fortgetragen, auf dem die Samen jahrelang treiben können, bis sie irgendwo an einem weit entfernten Strand angespült werden, wo sie dann keimen und sich ausbreiten können. Es war diese Fähigkeit, die der *Cakile arctica* im Rennen um die Erstbesiedlung Surtseys zum Sieg verhalf[8].

Die wissenschaftliche Bestandsaufnahme, die mit der Ankunft der Gründerpopulationen auf Surtsey einsetzte, zeigte rasch unerwartete Ergebnisse. So rechnete beispielsweise niemand damit, dass die Samen verschiedener Kräuter mithilfe von Fischeiern, genauer gesagt: in den Eikapseln von Rochen *(Raja batis)* auf die Insel gelangen würden. Neben originellen Transportmitteln wie diesen waren es jedoch vor allem Wind, Wasser und Vögel, die dafür sorgten, dass Pflanzensamen auf die Insel kamen. Schneeammern *(Plectrophenax nivalis)* etwa sind Singvögel, die eher raues Klima mögen und von Schottland aus nach Island ziehen. In ihren Muskelmägen, die im Verdauungssystem von Vögeln der Nahrungszerkleinerung dienen, brachten sie zahlreiche Samen mit und trugen so aktiv zur Verbreitung von Pflanzen auf Surtsey bei. Auf diese Weise sind seit 1967 zum Beispiel Vogelknöteriche wie *Polygonum maculosa* und die Braun-Segge *(Carex nigra)*[9], ein Sumpfgras, auf der Insel heimisch geworden. Sogar Seevögel wie Möwen haben, obwohl sie sich nicht oft von Pflanzenmaterial ernähren, in ihren Mägen Samen nach Surtsey transportiert. Einen wichtigen Beitrag zur Ansiedlung neuer Arten leisteten Gänse, die ihre Exkremente im Flug über Surtsey fallen ließen. Von diesem natürlichen Dünger umhüllt, hatten die dabei mitausgeschiedenen Samen beste Voraussetzungen, um zu keimen, und trugen auf diese Weise zur Vergrößerung der insularen Pflanzenvielfalt bei.

Von den auf Surtsey erfassten Gefäßpflanzenarten gelangten 9 Prozent durch den Wind, 27 Prozent über das Meer und 64 Prozent mit Vögeln dorthin.[10] Ende 1998 wurde schließlich das erste Exemplar einer Teeblättrigen Weide *(Salix phylicifolia)* registriert, die sich in der Folge als erste Baumart auf Surtsey etablierte. Im Jahr 2008, also 45 Jahre nach ihrer Entstehung, zählte man 69 Pflanzenarten auf der Insel, von denen mittlerweile 30 als dauerhaft ansässig gelten können. Und die Eroberung Surtseys durch die Pflanzen schreitet weiter voran, denn bis heute kommen jedes Jahr zwei bis fünf neue Arten hinzu.

01_b.

Die Kämpfer von Tschernobyl

Das Reaktorunglück von Tschernobyl ist eine jener Katastrophen, an die man sich wohl immer erinnern wird. Wenigen selbst jüngsten Lesern wird unbekannt sein, was damals geschehen ist. Wenn ich die Ereignisse an dieser Stelle dennoch kurz rekapituliere, dann nur, um unser aller Erinnerung daran ein wenig aufzufrischen.

Am 26. April 1986 um 1:23 Uhr (Ortszeit) explodierte der Reaktorblock Nummer 4 des Kernkraftwerks W. I. Lenin, 18 Kilometer von der Stadt Tschernobyl in der Ukraine entfernt, die seinerzeit noch zur Sowjetunion gehörte. Ursachen der Katastrophe waren baubedingte Eigenschaften des Reaktortyps und menschliches Versagen, denn die Techniker verstießen gleich gegen mehrere Sicherheitsvorschriften. Nach einem fehlerhaft durchgeführten Test kam es im Reaktorkern zu einer plötzlichen Leistungsexkursion, sodass sich Kühlwasser, Grafit, Steuerstäbe und Brennstäbe stark erhitzten und Druckröhren zu bersten begannen. Durch die Aufspaltung von Wasser entstanden große Mengen Wasserstoff, der durch Risse im Reaktorkern entweichen konnte. Er sammelte sich unter dem Reaktorgebäudedeckel, wo er mit dem Luftsauerstoff ein explosives Gemisch bildete, das sich schließlich entzündete. Die Explosionen waren so stark, dass der über 1000 Tonnen schwere Deckel des Reaktorkerns abgehoben und auch das Dach des Reaktorgebäudes zerstört wurde. Durch die anschließenden Brände gelangten ungeheure Mengen radioaktiven Materials ins Freie, das nicht nur die unmittelbare Umgebung der havarierten Anlage verseuchte, sondern sich über die höheren Luftschichten der Atmosphäre in ganz Europa (mit Ausnahme von Spanien und Portugal) verbreitete und sogar Nordamerika erreichte.

Es war der erste Atomunfall der Geschichte, der als GAU (größter anzunehmender Unfall), also in die höchste Kategorie der siebenstufigen Bewertungsskala für nukleare Ereignisse, eingeordnet wurde. Der zweite GAU fand am 11. März 2011 im Kernkraftwerk von Fukushima in Japan statt. Von der Tschernobyl-Katastrophe waren zwar nur wenige Dutzend Personen unmittelbar betroffen, doch starben in den folgenden Jahren Zehntausende an den Folgen von Krankheiten, die auf die radioaktive Strahlung zurückzuführen sind, der sie ausgesetzt waren. Genaue Zahlen lassen sich naturgemäß nur schwer nennen, doch der offizielle UN-Bericht geht von 30 000 bis 60 000 Opfern aus. Greenpeace hingegen schätzt ihre Zahl sogar auf weltweit bis zu sechs Millionen. Als Folge des Unfalls wurde ein Gebiet im Umkreis von 30 Kilometern um das Kraftwerk herum evakuiert und zur bis heute bestehenden Sperrzone – wörtlich: »Zone der Entfremdung des Tschernobyler Kernkraftwerks« – erklärt. Etwa 350 000 Menschen mussten ihre Häuser und Wohnungen für immer verlassen und wurden in andere Regionen »umgesiedelt«.

Die Nuklearkatastrophe von Tschernobyl war so verheerend, dass wir bis heute, mehr als 30 Jahre danach, nur eine vage Vorstellung von ihren Folgen haben. Offen ist auch die Frage, wie lange es dauern wird, bis sich die Situation in den verstrahlten Gebieten wieder normalisiert haben wird.

Natürlich waren auch die Pflanzen nach der Havarie dem radioaktiven Fallout ausgesetzt – und zwar mit gravierenden Folgen. Man geht davon aus, dass sich in den ersten Wochen nach dem Atomunfall 60 bis 70 Prozent der freigesetzten radioaktiven Isotope auf Pflanzen in den umliegenden Wäldern ablagerten. Ein Großteil des innerhalb der Sperrzone gelegenen, vorwiegend aus Waldkiefern bestehenden Waldbestands starb sofort ab und verfärbte sich rot – ein Phänomen, das unter der Bezeichnung »Roter Wald« bekannt wurde und auch nach der Fukushima-Katastrophe 2011 in Japan beobachtet werden konnte.

Nach diesen ersten dramatischen Auswirkungen der hohen Strahlendosen fanden die Pflanzen allerdings schnell einen Weg, um in dieser so lebensfeindlich gewordenen Umgebung zu bestehen.

Überhaupt ist bemerkenswert, wie sich die für Menschen nach wie vor gesperrte Zone seit dem GAU entwickelt hat, denn sie ist tatsächlich zu einem der artenreichsten Gebiete auf dem Territorium der ehemaligen Sowjetunion geworden. Anscheinend ist der Mensch noch um einiges tödlicher für Pflanzen als radioaktive Strahlung. Durch sein Fernbleiben wurde ungewollt ein riesiges Naturschutzgebiet geschaffen. Trotz der Strahlung ist die pflanzliche und tierische Vielfalt inzwischen größer als vor der Nuklearkatastrophe. Heute finden sich hier Luchse, Waschbären, Rehe, Wölfe, Przewalski-Pferde, unterschiedlichste Vogelarten, Elche, Rotfüchse, Dachse, Wiesel, Hasen und Eichhörnchen. Sogar der vor über einem Jahrhundert verschwundene Braunbär ist zurückgekehrt.

Und die Pflanzen? Sie machten es sogar noch besser als die Tiere. Pripjat war eine Stadt mit etwa 50000 Einwohnern, in der auch die meisten Mitarbeiter des nur drei Kilometer entfernten Kernkraftwerks lebten. Sie wurde unmittelbar nach dem GAU vollständig evakuiert[11]. Kürzlich hatte ich die Gelegenheit, einen detaillierten Fotobericht über den heutigen Zustand Pripjats zu sehen. Es ist unfassbar, aber 30 Jahre nach der Katastrophe ist die ganze Stadt wie ein ukrainisches Angkor Wat mit Pflanzen bedeckt. Pappeln wachsen auf Dächern und Birken auf Terrassen, während Büsche aus dem Asphalt sprießen und sechsspurige Straßen sich in grüne Flüsse verwandelt haben.

Die Reaktion der Pflanzen auf den Tschernobyl-Atomunfall war so unerwartet, dass es selbst Experten erstaunte. Doch obwohl das Phänomen allgemein auf großes Interesse stößt, liegen darüber bislang kaum wissenschaftliche Studien vor. Im Jahr 2009 führte die Akademie der Wissenschaften der Slowakei in Pripjat ein Experiment durch, dessen Ergebnisse heftig diskutiert wurden. Das von Professor Martin Hajduch geleitete Forschungsteam säte eine festgelegte Menge Sojabohnen in der Stadt aus und verglich Wachstum und Ertrag mit einer über hundert Kilometer vom kontaminierten Gebiet entfernten Kontrollpflanzung. Überraschenderweise zeigten die Sojapflanzen in Pripjat ein deutlich stärkeres Wachstum und kamen überdies mit weniger Wasser aus. Man führte dies auf eine Gruppe von Proteinen zurück, die in den Pflanzen aus der kontaminierten Stadt in sehr viel größeren Mengen vorhanden waren.[12]

Auch wenn die Ergebnisse der Studie durchaus zu Recht kritisiert werden – das Wachstum an so unterschiedlichen Orten lässt sich

Chrithmum Harbour
Philodendrum City
Schinus
Calendula Island
Capobrotus Beach
Phaselous Sea

(unabhängig von der Strahlung) generell nur schwer vergleichen –, unterstreicht dieser Befund einmal mehr die außergewöhnliche Fähigkeit der Pflanzen, auch den schlimmsten Widrigkeiten zu trotzen.

Tatsächlich sind Pflanzen in der Lage, neben anderen Schadstoffen auch Radionuklide zu absorbieren und sie auf diese Weise aus der Umwelt zu entfernen, was sie für eine Phytosanierung genannte biologische Sanierungstechnik prädestiniert[13]. Obwohl es sich um eine sehr langwierige Methode handelt, stellt sie die einzige echte Möglichkeit dar, um radioaktiv verseuchte Böden nachhaltig zu dekontaminieren, ohne sie abtragen und eine damit verbundene Staubentwicklung riskieren zu müssen. Die Menge des aufgenommenen radioaktiven Materials kann je nach Klima, Gelände und Bodenbeschaffenheit stark variieren.

Dass sich das der Umgebung von Tschernobyl entzogene radioaktive Material dadurch im Laufe der Zeit in den Pflanzen anreichert, ist natürlich nicht unproblematisch. Im Falle von Waldbränden etwa würden sich die in den letzten 30 Jahren in der Biomasse eingeschlossenen radioaktiven Stoffe sofort wieder in der Atmosphäre verteilen – mit gravierenden Folgen. Deshalb gehört der Brandschutz in der Sperrzone zu den Prioritäten der ukrainischen Regierung.

01_C.

Hibaku jumoku oder die »Heimkehrer« von Hiroshima

Ich wusste nichts von der Existenz der *Hibaku jumoku*, bis ich vor einigen Jahren, während eines meiner regelmäßigen Aufenthalte im japanischen Kitakyushu rein zufällig von ihnen erfuhr. In dieser Stadt gibt es einen von meinem Freund Professor Tomonori Kawano geleiteten Ableger meines Laboratoriums LINV[14], was sie seit vielen Jahren zu meinem persönlichen Eingangstor nach Japan und seiner Kultur macht. Wann immer ich das Institut besuche, versuche ich mir etwas Zeit zu nehmen, um mehr über dieses entfernte Land zu erfahren.

Obwohl ich von der japanischen Sprache außer ein paar Höflichkeitsfloskeln und Zahlen kaum etwas verstehe, gehe ich gerne allein in einem der landestypischen Restaurants zum Mittag- oder Abendessen.

Die japanische Küche ist so vielfältig und qualitativ hochwertig, dass es so gut wie unmöglich ist, etwas zu finden, das nicht in irgendeiner Weise schmackhaft wäre. Normalerweise gehe ich so vor, dass ich im Restaurant Platz nehme und einfach nach dem Zufallsprinzip eine Reihe von Gerichten auswähle, deren Anblick mir zusagt. Da es sich in der Regel um kleine Portionen handelt, sammeln sich nach kurzer Zeit zahlreiche Tellerchen vor mir auf dem Tisch, wo sie eine Art kulinarisches Kunstwerk bilden. Das ist mein Lieblingsmoment: Es ist dasselbe Gefühl wie beim Glücksspiel, doch ohne das Risiko zu verlieren. Denn es wird mir mit an Sicherheit grenzender Wahrscheinlichkeit schmecken. Dann setzt die Freude des Entdeckens ein: Um was handelt es sich? Welches sind die Zutaten? Wie wurde es zubereitet?

Während eines dieser Abendessen hatte ich ein rätselhaftes Gericht vor mir, das sich allen meinen Analyseversuchen widersetzte. Es handelte sich um eine Art weißlichen Beutel in Ravioligröße, der leicht angebraten worden war und eine cremige Substanz mit Fischgeschmack enthielt. Es war köstlich und so bestellte ich nach dem Verzehr der ersten Portion sofort eine zweite, um das Gericht genauer zu untersuchen. Es erinnerte mich an irgendetwas aus der italienischen Küche, doch wollte mir partout nicht einfallen, was es war. Eine ganze Weile zerbrach ich mir vergeblich den Kopf darüber. Natürlich habe ich versucht, den Kellner zu fragen, doch in Japan spricht leider kaum jemand etwas anderes als Japanisch. Ich war untröstlich, meinen Wissensdurst nicht stillen zu können, und wollte die zweite Portion schon verspeisen, als etwas Unerhörtes geschah – etwas, das einem nur widerfährt, wenn man alleine in Japan essen geht. Mein Tischnachbar, ein alter Mann, sprach mich an. Das ist an sich schon bemerkenswert, denn während meiner vielen Besuche im Land der aufgehenden Sonne hatte sich niemals jemand von sich aus an mich gewandt. Stets musste ich die Initiative ergreifen und die Menschen befragen. Und damit nicht genug, er tat es in einem perfekten und gepflegten Italienisch. Nur für den ersten Moment unseres Gesprächs geriet er ein wenig ins Stocken, weil er nicht die richtigen Worte fand, um mir mein Essen zu erklären, ohne mich zu erschrecken.

»Sie müssen wissen, mein Herr, dass wir großen Wert auf die Fortpflanzung legen«, begann er und steigerte meine Verwunderung mit diesen Worten eher noch. »Auch wenn unsere Kultur im Westen oft für ihre Aggressivität bekannt ist, hat unsere Zivilisation in Wahrheit eine starke panpsychistische Komponente.« So drückte er es tatsächlich aus. Aus Höflichkeit versicherte ich ihm, dass Japan längst nicht mehr als Aggressor wahrgenommen werde. Allerdings fragte ich mich, was Panpsychismus mit meinem Gericht zu tun hatte, und mein verwirrter Blick entging ihm keineswegs. Also versuchte er es erneut.

»Da sich das Göttliche in allem befindet, neigen wir traditionell dazu, alle Teile eines Tieres zu verzehren.« Langsam kamen wir der Sache näher. Und das bedeutet was?

»Das Gericht, das Sie gerade essen – es heißt übrigens *Shirako* und gehört auch zu meinen Lieblingsspeisen –, wird aus den männlichen Keimbahnen verschiedener Meerestiere zubereitet.«

»Männliche Keimbahnen? Sie meinen …«

»Ja. Wie nennt man es auf Italienisch?«

»Sperma.«

»Ach ja, genau.«

Jetzt wusste ich auch, woran mich das Gericht erinnerte: *Lattume* (Fischmilch) ist eine sizilianische Spezialität, die aus den Spermabeuteln von Thunfischen oder Meeräschen zubereitet wird. Die Tatsache, dass auch wir in Italien so unedle Teile des Fisches verzehrt haben (wenn wohl auch eher aus materiellen und nicht aus panpsychistischen Gründen), beruhigte meinen neuen Tischgenossen. Wir stellten uns einander vor und es zeigte sich, dass er ein pensionierter Diplomat war, der seinem Land viele Jahre als Konsul in Italien gedient und dort auch die Sprache gelernt hatte. Wir unterhielten uns noch eine ganze Weile überaus angeregt. »Ich nehme an, Sie hatten bereits Gelegenheit, unsere *Hibaku jumoku* zu besuchen, Professor«, sagte er schließlich kurz vor dem Abschied, und seine Frage schwebte für einige Sekunden zwischen uns. Ich erwiderte, dass es mir leidtäte, ich aber noch nie etwas davon gehört hätte. Was auch immer diese *Hibaku jumoku* sein mochten, in Japan gilt es als unhöflich, sich für sein Unwissen nicht zu entschuldigen. Tatsächlich verblüffte den Konsul meine Wissenslücke sehr.

»Aber Sie befassen sich doch mit Pflanzen! Sie müssen sie unbedingt treffen.« Da er »treffen« sagte, dachte ich, dass es sich um eine Gruppe von Leuten handeln müsse, die sich in irgendeiner Weise mit Pflanzen beschäftigen. Doch ich hätte gar nicht weiter danebenliegen können. »Die *Hibaku jumoku*«, fuhr er fort, »sind unsere Davongekommenen, die der Atombombe entrinnen konnten. Eine Hymne an die alles überwindende Kraft des Lebens.« Ich wusste, dass die Überlebenden von Hiroshima und Nagasaki eine wichtige Rolle in der japanischen Erinnerungskultur und im Gedenken an diese grauenhaften Ereignisse spielen. Nur verstand ich nicht, warum es diesem Mann so wichtig zu sein schien, dass ausgerechnet ich diese Menschen traf. Doch das Missverständnis war rasch ausgeräumt. »Es sind keine Menschen, sondern Bäume[15], die den Abwurf der Atombombe überstanden haben«, erläuterte er. »In Japan kennt und respektiert sie jeder. Ich persönlich liebe sie. Auch Sie sollten sie kennen. Erlauben Sie mir einen Vorschlag. Mit dem Zug ist es von hier aus nicht sehr weit bis nach Hiroshima. Wenn Sie möchten, kann ich Sie in den nächsten Tagen dorthin begleiten, damit Sie die *Hibaku jumoku* treffen. Seit dem Tod meiner Frau habe ich ohnehin nicht mehr viel zu tun.« Ich dankte ihm von Herzen und nahm das Angebot an.

Zwei Tage später trafen wir uns – jeder mit seinem eigenen *Bentō*[16] ausgestattet, wie es sich für zwei Reisegefährten gehört – früh morgens am Bahnhof von Kokura. Etwa anderthalb Stunden später fuhren wir in Hiroshima ein, und zehn Minuten darauf stand ich bereits vor meinem ersten *Hibaku jumoku*. Um drei Bäume zu »treffen«, die die Atombombe überlebt hatten, führte mich der Konsul durch einen prächtigen Garten, dessen Namen ich leider nicht mehr weiß. Umso besser erinnere mich an die Bäume, die alle drei zum Bestand klassischer japanischer Gärten gehören: einen Ginkgo *(Ginkgo biloba)*, eine Japanische Schwarzkiefer *(Pinus thunbergii)* und einen Muku-Baum *(Aphananthe aspera)*. Der Ginkgo neigte sich deutlich in Richtung Stadtzentrum und die Schwarzkiefer hatte eine auffallende Narbe am Stamm, doch insgesamt machten sie einen guten Eindruck. Ganz normale Bäume eben – wären da nicht der offenkundige Respekt und die Zuneigung gewesen, die ihnen die Menschen entgegenbrachten, die kamen, um sie zu »treffen«. Ein älteres Ehepaar hatte Klappstühle mitgebracht, auf denen die beiden nun vor dem Ginkgo saßen und ein langes Gespräch mit dem Baum führten. Ein Junge umarmte den Baum rasch, bevor er seinen Weg fortsetzte. Jeder, der an den Bäumen vorüberkam, schien sie gut zu kennen, und Menschen jeden Alters verbeugten sich tief vor ihnen – sogar Kinder. Das Einzige, was die *Hibaku jumoku* von anderen Bäumen unterschied, war ein mit Schriftzeichen versehenes gelbes Kärtchen, das an ihnen hing. Ich fragte den Konsul, was es damit auf sich hatte.

»Ich werde versuchen, es für Sie zu übersetzen. Da steht mehr oder weniger, dass es sich um einen Baum handelt, der bombardiert wurde, welche Baumart er repräsentiert und wie weit er vom Hypozentrum der Explosion entfernt war«, sagte er und wies zum Fluss hinüber. »Die Bombe explodierte dort drüben, wo der Fluss sich teilt. Das sind von hier aus genau 1370 Meter.«

An diesem Tag besuchte ich noch viele der *Hibaku jumoku* von Hiroshima und näherte mich auf diese Weise langsam jenem Ort, an dem zum ersten Mal in der Menschheitsgeschichte eine Atomwaffe gegen unbewaffnete Zivilisten eingesetzt worden war. Ich erinnere mich an einen weiteren prächtigen Ginkgo in der Einfriedung des Hosenbo-Tempels, in 1130 Metern Entfernung vom Hypozentrum, an einen Kampferbaum *(Cinnamomum camphora)* im Burgviereck von Hiroshima (1120 Meter), eine Kurogane-Stechpalme *(Ilex rotunda)*, ebenfalls in der Burg (910 Meter), und eine wunderschöne Pfingstrose *(Paeonia suffruticosa)* im Honkyoji-Tempel (890 Meter).

Je näher sie sich am Zentrum der Katastrophe befunden hatten, desto verkümmerter wurden die *Hibaku jumoku*. Die Bodentemperaturen hatten dort, wo wir uns befanden, am 6. August 1945 um 8:15 Uhr

a
b
c
d
1
2
3

5
6.
7
a
b
c
d
5
6
7

morgens 4000 Grad überschritten und wohl bis zu 6000 Grad erreicht. Der Konsul machte mich auf einen Schatten an der Eingangstreppe einer Filiale der Sumitomo Bank Company aufmerksam, der sich dort in die Stufen gebrannt hatte. Es waren die Überreste von Frau Mitsuno Ochi, damals 42 Jahre alt, die hier auf die Öffnung der Bank gewartet hatte und buchstäblich verdampfte, als die Explosion sie überraschte. Völlig unmöglich, dass irgendetwas eine Zerstörung dieses Ausmaßes überleben könnte. Das sagte ich dem Konsul, der mit einem Lächeln antwortete. »Sie sind wirklich ein kleingläubiger Mensch. Das Leben findet immer einen Weg! Folgen Sie mir.« Wir bogen um eine Ecke und fanden uns am Fluss Honkawa wieder. Vor uns erhob sich die »Atombomben-Kuppel«, jenes Gebäude, über dem die Bombe einst detonierte und das als Friedensdenkmal stehen gelassen wurde. Und weniger als 400 Meter von uns entfernt sah ich den Champion der *Hibaku jumoku* von Hiroshima, eine Trauerweide *(Salix babylonica)*, die aus ihren erhalten gebliebenen Wurzeln wiedererstanden war. Dem Kärtchen war zu entnehmen, dass es vom Baum bis zum Hypozentrum nur 370 Meter waren.

Am selben Abend, auf dem Weg zurück nach Kitakyushu, lud der Konsul mich zum Essen in ein Gasthaus ein, das er kannte, und ich nahm seine Einladung gerne an. Es wurde ein unterhaltsamer Abend und wir tranken viel, so wie Freunde es häufig in Japan tun. In Bezug auf meine »Begegnungen« in Hiroshima gab es immer noch eine Sache, die mich irritierte. Immer, wenn er über die *Hibaku jumoku* sprach, nannte der Konsul sie »Bäume, die einer atomaren Explosion ausgesetzt waren«, was irgendwie komisch klang und seiner ansonsten perfekten Beherrschung unserer Sprache zu widersprechen schien. Ich fragte mich, ob diese etwas umständliche Formulierung vielleicht auf seine Unkenntnis einiger Worte zurückzuführen war.

»Entschuldigen Sie, verehrter Konsul«, traute ich mich schließlich zu sagen. »Warum nennen Sie die *Hibaku jumoku* immer wieder ›Bäume, die einer atomaren Explosion ausgesetzt waren‹? – Wäre es nicht einfacher, von ›Überlebenden‹ zu sprechen?« »Die Angelegenheit ist komplexer, als es den Anschein hat, mein lieber Professor«, erklärte er mir. »Alles rührt von der Bezeichnung her, die man den – wie Sie sagen – Überlebenden der Bombe gegeben hat. Man nannte sie *Hibakusha*, was ›der Bombe ausgesetzte Person‹ bedeutet. Ein etwas bizarrer Begriff, ich weiß, aber es gibt einen Grund dafür. Er wurde anstelle von ›Überlebende‹ gewählt, weil dieses Wort die am Leben Gebliebenen hervorhebt und damit unweigerlich die unzähligen Toten der Tragödie beleidigen würde. Deshalb werden auch die *Hibaku jumoku* so genannt. Es wird Ihnen vermutlich seltsam vorkommen, doch ich versichere Ihnen, dass jeder *Hibakusha* glücklich mit dieser Bezeichnung ist und es nicht ertragen hätte, ›Überlebender‹ genannt zu werden. Dann schlug ich auf Italienisch das Wort ›reduci‹ (dt. Heimkehrer)[17] vor. Er kannte es nicht und mochte es sehr. »Vielen Dank, dass Sie es mir beigebracht haben«, sagte er und ließ es sich mehrmals auf der Zunge zergehen. »Lassen Sie uns auf unsere Freunde, die ›reduci‹ anstoßen.«

Nach dem Essen bestand ich darauf, den Konsul nach Hause zu bringen. Man sah es ihm nicht an, aber er ging schon auf die achtzig zu und hatte viel getrunken. Also begleitete ich ihn. Vor dem Haus angekommen, umarmte er mich entgegen jeder japanischen Gepflogenheit zum Abschied, was zweifellos auf seine langjährige Tätigkeit in Italien zurückzuführen war. Er sah mich ernst an und sagte: »Reden Sie über die *Hibaku jumoku*, erzählen Sie allen davon. Und kommen Sie wieder, um sie noch einmal zu treffen.« Etwas unsicher geworden, hielt er einen Moment inne: »Ich sollte es Ihnen wohl sagen. Auch ich bin ein *Hibakusha*. Ich war sieben Jahre alt, als die Bombe meine ganze Familie auslöschte und fast jeden, den ich kannte. Ich war gerade in der Schule. Unser Klassenzimmer wurde von einer davorstehenden Baumgruppe geschützt, was mich und vier meiner Klassenkameraden rettete. Von den 120 Kindern an unserer Schule waren wir die einzigen Überlebenden.«

Kurz versank er in Gedanken daran, dann lächelte er mich ein letztes Mal an, bedankte sich noch einmal für meine Gesellschaft und ging ins Haus.

Flüchtlinge und Eroberer

02

Art: Afrikanisches Lampenputzergras • Domäne: Eukaryoten
Reich: Pflanzen (Plantae) • Abteilung: Magnoliophyta • Klasse: Liliopsida
Ordnung: Süßgrasartige (Poales) • Familie: Süßgräser (Poaceae)
Unterfamilie: Panicoideae • Tribus: Paniceae • Gattung: Lampenputzergräser *(Pennisetum)* • Wissenschaftlicher Name: *Pennisetum setaceum*
Herkunft: Nordafrika • Verbreitung: weltweit

Erstes Auftreten in Europa: Um 1900

Der unaufhaltsame Expansionsdrang allen Lebens macht es unmöglich, die Ansiedlung einer Pflanzenart auf das Gebiet eines botanischen Gartens zu begrenzen. Obwohl wir es immer wieder versuchen, werden die Pflanzen früher oder später diese künstlichen Reservate überwinden und sich weiterverbreiten.

Die meisten invasiven Tier- oder Pflanzenarten, die wir heute kennen, sind auf diese Weise zu uns gelangt. Und es gibt sehr viel mehr biologische Invasoren, als man meinen möchte. Tatsächlich sind zahlreiche Arten, von denen wir glauben, sie seien schon immer Teil unserer Umgebung gewesen, erst vor mehr oder weniger langer Zeit eingewandert. Viele Pflanzen, die wir heute als Teil unseres kulturellen Erbes betrachten, waren ursprünglich Fremde, die sich inzwischen jedoch so gut integriert haben, dass wir sie nicht mehr als solche erkennen.

Denken wir nur an den aus Mexiko stammenden Mais[1], der die Menschen in der Poebene seit Generationen ernährt. Ähnlich verhält es sich mit der Tomate und dem Basilikum, zwei Pflanzen, die für die italienische Ernährungskultur so charakteristisch sind. Oder ist ein Teller Pasta mit Tomatensoße und einem Blatt Basilikum darauf etwa nicht das italienische Nationalgericht? Und doch wuchs die Tomate

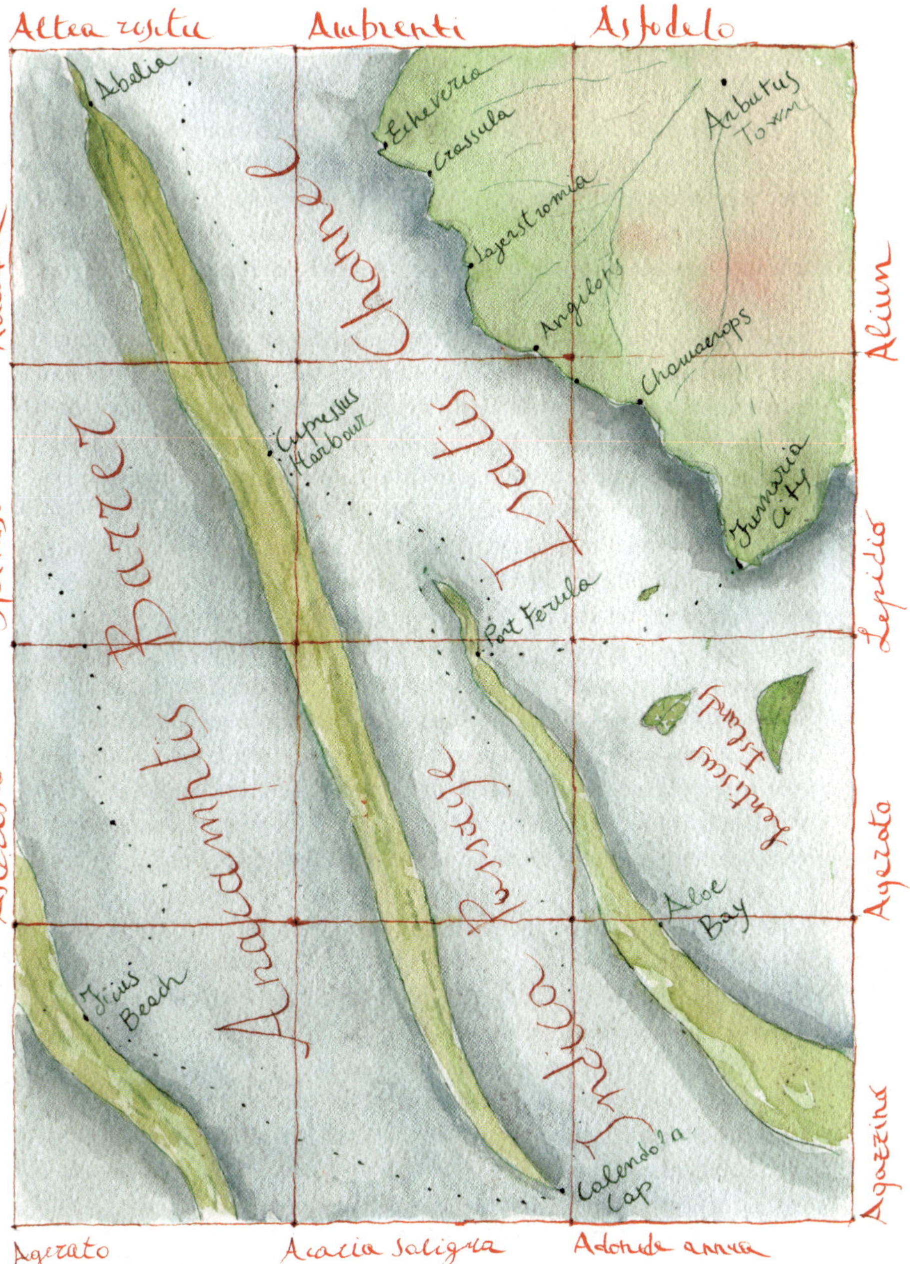
Ambrenti
Asfodelo
Abelia
Echeveria
Crassula
Lagerstromia
Chamaerops
Cupressus Harbour
Fumaria City
Port Ferula
Anacamptis
Aloe Bay
Calendola Cap
Agerato
Acacia saligna

(Solanum lycopersicum) ursprünglich in Mittel- und Südamerika, von wo aus Hernán Cortés sie 1540 mit nach Europa brachte.

Zu diesem Zeitpunkt sah sie allerdings noch nicht so aus, wie wir sie heute kennen. Als die Tomate 1544 nach Italien kam, war die Frucht gelb und wurde von Andrea Mattioli in seinem *Medici Senensis Commentarii* als *mala aurea* beschrieben, was später wörtlich mit »pomo d'oro« (Goldapfel), der bis heute gebräuchlichen italienischen Bezeichnung für die Tomate, übersetzt wurde. Wie viele andere Einwanderer musste auch die Tomate erst eine Menge durchmachen und sich anpassen, bis sie endlich akzeptiert wurde. Was in ihrem Fall bedeutete, dass sie rot werden musste. Zunächst wurde sie misstrauisch beäugt, weil man sie für giftig und daher nur als Zier- und Heilpflanze geeignet hielt. Erst 1572 wird eine »feuerrote« Tomatensorte erwähnt. Einmal rot geworden, ist alles sehr viel leichter für die Tomate, die von nun an auch für Ernährungszwecke verwendet wird – allerdings nur allmählich. Das erste Rezept für Pasta mit Tomatensoße lässt noch bis ins 19. Jahrhundert auf sich warten.

Es war ein langer, aber leichter Weg, verglichen mit der Reise, die das zweite Bollwerk der italienischen Küche, das Basilikum *(Ocimum basilicum)*, hinter sich hat. Das aus Indien stammende Gewächs gelangte bereits zur Zeit Alexanders des Großen nach Europa, hatte es aber um einiges schwerer, akzeptiert zu werden. Im Vergleich dazu wurde die Tomate geradezu mit offenen Armen empfangen. Obwohl es schon um 350 vor Christus ankam, schaffte es das Basilikum erst im 18. Jahrhundert auf unsere Teller. Über 2000 Jahre genoss der duftende Fremdling einen eher schlechten Ruf. Plinius der Ältere etwa machte die Pflanze in seiner *Naturalis historia* für Zustände sowohl von Trägheit als auch Überspanntheit verantwortlich und noch Nicholas Culpeper, dem britischen Arzt und Botaniker aus der ersten Hälfte des 17. Jahrhunderts, galt sie als giftig.[2]

Doch lassen wir die für Ernährungs- und andere Nutzzwecke eingeführten Pflanzen, die vor allem im Hinblick auf Wirtschaftsfragen und Nützlichkeitserwägungen von Bedeutung sind, einmal beiseite. Aus naturwissenschaftlicher Sicht ist weitaus interessanter, dass nicht nur Kulturpflanzen, sondern auch viele andere Gewächse, die wir für einheimisch halten, in Wahrheit oftmals von sehr weit her kommen.

Warum also bezeichnen wir all jene Pflanzen, die sich erfolgreich in neuen Gebieten behaupten, als invasiv? Tatsächlich sind die invasiven Pflanzen von heute nämlich die einheimische Flora von morgen, ebenso wie die biologischen Invasoren der Vergangenheit längst zu wesentlichen Bestandteilen unserer heutigen Ökosysteme geworden sind. Um es noch einmal auf den Punkt zu bringen: Die invasiven Arten von heute sind die einheimischen von morgen. Würde diese Erkenntnis nur etwas mehr beherzigt, könnte das viele Dummheiten verhindern, die beim Versuch begangen werden, ihre Ausbreitung einzudämmen.

Pflanzen besitzen zahlreiche Fähigkeiten, die sie für die biologische Invasion prädestinieren[3]. Sie sind sehr geschickt darin, ihre Samen zu verteilen, und wachsen schnell. Sie können ihre Form den jeweiligen Umweltbedingungen[4] anpassen, besitzen eine hohe Stressresistenz und tun sich mit dem Menschen zusammen. Das macht sie nicht nur flexibel und zäh, sondern befähigt sie auch, auftretende Probleme zu lösen – Eigenschaften, die im Grunde eine Art von Intelligenz darstellen. Daran hege ich keinen Zweifel. Deshalb sind mir auch jene Arten am liebsten, die sich neuen Umweltbedingungen am besten anpassen können. Es sind zugleich die interessantesten, denn wie die drei unaufhaltsamen Flüchtlinge verdeutlichen, von denen im Folgenden die Rede sein soll, verfügen sie häufig über spezielle Tricks.

02_a.
Von Insel zu Insel

Das Felsen-Greiskraut *(Senecio squalidus)* hat vielleicht keinen schönen Namen, ist dessen ungeachtet aber eine elegante und anmutige Pflanze aus der Familie der Korbblütler *(Compositae* oder *Asteraceae).* Mit ihren auf 1911 Gattungen verteilten 32913 Spezies ist sie zugleich die artenreichste unter den Blütenpflanzen.[5] Allein die Gattung der Greiskräuter *(Senecio)*, zu der unser Protagonist gehört, umfasst mehr als 1000 verschiedene Pflanzenarten. Der wissenschaftliche Name der Gattung leitet sich vom Lateinischen *senex* (Greis) ab und bezieht sich wohl auf den charakteristischen, aus dünnen weißlichen Haaren bestehenden Pappus.[6] Der Artenname *squalidus*[7] hingegen findet keine Rechtfertigung und ist vielleicht der Missgunst Carl von Linnés geschuldet, der die Pflanze 1753 in seinem Werk *Species Plantarum* beschrieb.

Der *Senecio squalidus* ist von unbestreitbarer Grazie. Er gedeiht an den Hängen des Ätna und ist vermutlich aus der Kreuzung von *Senecio aethnensis* und *Senecio chrysanthemifolius* hervorgegangen.[8] Die Pflanze wird 30 bis 50 Zentimeter hoch und hat es mit ihren lanzenförmigen Blättern und schönen gelben Blüten geschafft, von den Hängen des Ätna aus ganz Großbritannien zu erobern. Es ist wichtig zu verstehen, wie ihr das gelungen ist und welche Eigenschaften für ihren Erfolg entscheidend waren. Das lässt sich aufzeigen, indem untersucht wird, wie die Ausbreitung vonstattenging. Ein wichtiger Aspekt ist zum Beispiel die Geschwindigkeit solcher Expansion. Gab es, wie so oft, anfänglich eine Phase der Latenz? Wie beeinflusste das Gewächs die lokale Flora und Fauna? Lassen die Populationen evolutionäre Anpassungen erkennen? Und welche konkreten Fähigkeiten waren ihrer Verbreitung zuträglich? Da es über ihren Weg von Sizilien nach Großbritannien detaillierte Aufzeichnungen gibt, verwundert es nicht, dass gerade diese Pflanze zu einem Modell für die Untersuchung derartiger Fragen geworden ist.

Nachdem nun klar geworden ist, weshalb gerade diese Art für die Forschung so interessant ist, betrachten wir unsere kleine Heldin etwas genauer. Der Erste, der die Pflanze beschrieb, war ein sizilianischer Botaniker aus der Mitte des 17. Jahrhunderts. Der Franziskaner Francesco Cupani (1657–1710) war in der Schule eines anderen sizilianischen Mönches, des Zisterziensers Paolo Boccone (1633–1704) ausgebildet worden. Der Palermitaner war Professor für Botanik in Padua und später Botaniker am Hof Ferdinands II., der als Großherzog der Toskana die Modernisierung der botanischen Taxonomie unterstützte. Mit einem Lehrer wie Boccone war es unvermeidlich, dass auch Francesco Cupani zum höheren Ruhme Gottes eine bedingungslose Liebe zur Botanik entwickelte. Diese veranlasste ihn schließlich, mit der Katalogisierung und Beschreibung der sizilianischen Flora, einer der reichsten in Europa, ein geradezu zyklopisches Werk in Angriff zu nehmen. Um die Aufgabe erfüllen und lebende Exemplare der von ihm klassifizierten Arten bewahren zu können, gründete Francesco Cupani mit finanzieller Unterstützung des Herzogs Giuseppe del Bosco Sandoval 1692 in Misilmeri, unweit von Palermo, einen Botanischen Garten. Dieser existierte[9] zwar nur kurz, wurde aber in ganz Europa berühmt.

Bei seinem Versuch, alle sizilianischen Pflanzenarten zu erfassen, stieß Cupani endlich auch auf unseren *Senecio squalidus*. Wie alle anderen von ihm gesammelten Arten landete auch er im Botanischen Garten von Misilmeri, wo Cupani ihn ansiedelte und gemäß seiner binomialen Nomenklatur klassifizierte. Damit nahm er diejenige Carl von Linnés vorweg, die sich erst viele Jahre später durchsetzen sollte. Wie zu jener Zeit üblich, tauschte der Botanische Garten von Misilmeri sich mit anderen Gärten aus, um seine Sammlungen zu erweitern. Und auch wenn ihre Begegnung nicht dokumentiert ist, bin ich überzeugt, dass Francesco Cupani im Rahmen seiner Kontakte mit ausländischen Gärten auch den berühmten englischen Botaniker William Sherard (1659–1728) getroffen hat und ihm im Austausch gegen englische Gewächse Samen von *Senecio squalidus* überließ. Ob es sich nun so abgespielt hat oder nicht, im Jahr 1700 – Sherard war zu dieser Zeit Tutor der Herzogin von Beaufort – gedieh der *Senecio squalidus* jedenfalls bereits prächtig in den herzoglichen Gärten der Familie bei Badminton. Und nur wenige Jahre oder auch nur Monate später führte Jacob Bobart der Jüngere (1641–1719), der *Horti Praefectus* (Direktor) des Botanischen Gartens der Universität, die Pflanze in Oxford ein, von wo aus sie sich in ganz Großbritannien verbreitete.

Wie erwähnt, stammt der *Senecio squalidus* von den Asche- und Lavahängen des Ätna. Da er sich in einer vulkanischen Umgebung

1°,35"
4°,27'
6°,22'
8°,17'
Liliaceae beach
Juncus
Abutilon cap
N
NO
NE
E
SE
SO
S
Cap Gasteria
Brugmansia
Dieffenbachia
Dracaena terminalis
Ginkgo Peninsula
Dasylirion city
Dahlia Gulf
35°,2"
27°,4"
22°,6"
17°,8°

12°,7'
14°,2'
16°,-7'
l°,m'
Patagonium
Zizyphus Gulf
Albus
Hyoscyamus
Isatis
Grevillea Bay
Gladiolus promontory
Agave
Islands
Little Seeds
Archipelago
Guaderella
Cap
Safne Land
Grevillea
7°,12'
2°,14'
-7°,16'
-12°,18'

behaupten konnte, muss es sich zwangsläufig um eine sehr robuste Pflanze handeln, die mit sehr wenigen Ressourcen auskommt. Ihre bevorzugten Lebensräume in Städten sind demzufolge Stadtmauern, Ruinen, Innenhöfe oder kurz gesagt: all jene Orte, die anderen Pflanzenarten zumeist gar nicht behagen. So dauerte es nicht lange und der gebürtige Sizilianer wurde zu einem bekannten Einwohner Oxfords. Schon 1794 gab es keine College-Mauer ohne Felsen-Greiskraut mehr. Und selbst auf den Wänden der Bodleian Library, dem Wahrzeichen der Universitätsstadt, hatten sich die gelben Blüten niedergelassen. Die Pflanze wurde von Oxford adoptiert und verdankt der Stadt sogar ihren bis heute gebräuchlichen englischen Namen: *Oxford Ragwort*. Schließlich begannen sich erste Exemplare der Pflanze in der Umgebung der Stadt anzusiedeln, wo sie stillgelegte Farmen und die Mauern verlassener Gebäude in Besitz nahmen. Von hier aus machte das Kraut sich ins restliche England auf. Es war eine langsam voranschreitende Expansion, bis die Eisenbahn alles veränderte.

Am 12. Juni 1844 eröffnete die Great Western Railways ihren Bahnhof in Oxford und verband die Universitätsstadt auf diese Weise mit London. In den folgenden Jahren kamen weitere Eisenbahnlinien hinzu, sodass Oxford schließlich mit ganz Großbritannien verbunden war. Der *Senecio squalidus* kam glänzend mit der industriellen Revolution zurecht und erwies sich als Nutznießer der Schienenwege. Der Schotter in den Gleisbetten, der eigentlich das Wachstum von Pflanzen verhindern sollte, zog das Felsen-Greiskraut geradezu unwiderstehlich an, denn das Material ähnelte den Lava-, Asche- und Sandböden seiner entfernten Heimat. Unversehens fand das Kraut perfekte Voraussetzungen für seine rasche Verbreitung vor, wobei nicht nur der optimale Untergrund, sondern auch die fahrenden Züge eine große Hilfe waren. Denn wie alle Arten der Gattung *Senecio* verfügen auch die Früchte des *Senecio squalidus* über jene namengebenden weißen Härchen (ich erinnere an den Pappus), die dazu dienen, den Samen mithilfe des Windes zu verbreiten. Die Pflanze kann im Laufe des Jahres eine sehr große Anzahl von Früchten produzieren, deren Samen durch die von den Zügen verursachten Luftbewegungen davongetragen wurden. Zug um Zug gelangte der Sizilianer auf diese Weise entlang der Bahnstrecken bis in den Norden Großbritanniens. Gegen Ende des 19. Jahrhunderts war er bereits in zahlreichen nordenglischen Gegenden heimisch und erreichte in den 1950er-Jahren schließlich Zentralschottland, von wo aus er sich bis nach Nordschottland und Nordirland ausbreitete. In den vergangenen Jahrzehnten nutzt er für seine Expansion auch die Autobahnen, an deren Rändern er prächtig gedeiht.

Die Fähigkeit, menschliche Transportmittel für ihre Verbreitung nutzen zu können, erweist sich als zusätzlicher Vorteil für die Gattung der Greiskräuter. Angenommen, ein Samen gelangt aus irgendeinem Grund an einen Ort, der sehr weit vom Rest seiner Ursprungspopulation entfernt ist. Die Wahrscheinlichkeit, dass sich die Art, die er repräsentiert, in diesem Gebiet durchsetzt, ist nicht sehr groß, denn bei zu geringer Zahl wird es für Pflanzen schwierig, sich an einem neuen Standort zu vermehren. Damit eine Art sich etabliert, ist es normalerweise notwendig, dass sie den gleichen Ort immer wieder erreichen kann. Und die sich wiederholenden Bewegungsmuster von Autos oder Zügen, die immer wieder dieselben Strecken befahren, bieten den Greiskräutern genau diese Möglichkeit.

Unaufhaltsam wie die Goldene Horde hat *Senecio squalidus* schließlich das ganze Land besetzt – die Karten des Biological Records Centre von Großbritannien zeigen die Fortschritte dieses Eroberungsprozesses. Ungeachtet seiner Fähigkeit, die Umstände zu seinem Vorteil zu nutzen, muss man sich dennoch fragen, wie es einer ursprünglich in Sizilien beheimateten Art gelingen konnte, sich auf die völlig anderen klimatischen Bedingungen und die veränderte Umwelt in Schottland und Irland einzustellen. Die Antwort ist einfach. Die Pflanze hat während ihrer Ausbreitung in Richtung Norden gelernt, sich mit lokalen Arten zu hybridisieren. Vorausgesetzt, die Hybride sind nicht unfruchtbar, ist diese Strategie brillant. Die Kreuzung mit lokalen Arten führte bei *Senecio squalidus* zur Entstehung einer Reihe von Unterarten. Und die Mechanismen der natürlichen Auslese sorgten dafür, dass die Pflanze sich rasch alle für die Anpassung an die neuen Umweltbedingungen notwendigen genetischen Voraussetzungen aneignen konnte. Aus dem sizilianischen *Senecio squalidus* war eine anglosizilianische Pflanze geworden. Ebenso wie andere Einwanderer vor ihm ist auch *Senecio squalidus* naturalisierter Brite geworden und als solcher integraler Bestandteil seiner neuen Umgebung. Was gestern noch Fremde war, ist heute Heimat. Und genau darum geht es hier.

02_b.
Die schöne Abessinierin

Ein weiterer spannender Flüchtling ist eine kleine abessinische Migrantin, die unter dem Namen *Pennisetum setaceum* (Afrikanisches Lampenputzergras) bekannt ist. Es handelt sich um ein mehrjähriges, etwas über einen Meter hohes Gras, das eine federweiche, bürstenartige Ähre (daher die Bezeichnung *setaceum*) mit einer sehr schönen, zunächst dunkelrosa Färbung ausbildet. Während der Reifung verblasst diese allmählich und verwandelt die Pflanze in eine Symphonie aus zarten Rosatönen. Während *Senecio squalidus* längst nicht jedem so anmutig erscheint wie mir, ist die Schönheit des Afrikanischen Lampenputzergrases allseits unbestritten[10], weshalb es in vielen Teilen der Welt als Zierpflanze angebaut wird. Diese Anmut ist gewissermaßen das Trojanische Pferd, mit dessen Hilfe die aus Subsahara-Afrika stammende Art heimisch werden konnte, wo immer dies die klimatischen Bedingungen zuließen.

Die Geschichte der Flucht und Ausbreitung des Afrikanischen Lampenputzergrases ist jener von *Senecio squalidus* schon deshalb nicht unähnlich, weil sie sich auf derselben Bühne, nämlich in Sizilien abspielte – mit dem Unterschied, dass die Insel der Ursprungsort von *Senecio squalidus* ist, während *Pennisetum setaceum* sie für sich eroberte.

Das Afrikanische Lampenputzergras kam 1938[11] dank Professor Francesco Bruno (1897–1986), dem Förderer und Begründer der Landwirtschaftlichen Fakultät von Palermo, nach Sizilien. Er säte im Kolonialgarten, einem angegliederten Teil des Botanischen Gartens von Palermo, eine Probe aus, um das Wachstum der Pflanze und ihre mögliche Eignung als tierisches Futtermittel zu untersuchen. Die Umweltbedingungen in Abessinien – damals eine italienische Kolonie – unterschieden sich nach Ansicht Brunos nicht wesentlich von den sizilianischen. Wenn die Art sich also in Sizilien ansiedeln ließe, hätte man – so seine Überlegung – eine ausgezeichnete, für heiße Klimazonen geeignete Futterpflanze zur Verfügung.

Tatsächlich passte das Gras sich ganz hervorragend an die neue Umgebung an, doch hat sie leider nur einen geringen Nährstoffgehalt. Außerdem scheinen Tiere sie nicht zu mögen. Nachdem sich die Hoffnung zerschlagen hatte, aus *Pennisetum setaceum* eine Futterpflanze zu machen, gab es keine praktische Verwendung mehr für die Pflanze. So wurde beschlossen, sie aus dem Kolonialgarten zu entfernen, um Platz für neue Experimente zu schaffen. Doch sein Aussehen rettete das Afrikanische Lampenputzergras. Mitarbeiter des Botanischen Gartens bemerkten die Schönheit seiner Blüte, erkannten sein Potenzial als Zierpflanze und bauten es weiter an.

Der Ausmerzung gerade noch entgangen zu sein, war offenbar so etwas wie ein Weckruf für die Pflanze. Sie durfte auf keinen Fall länger zögern, sondern musste so schnell wie möglich aus dem Garten entkommen, in dem sie eingeschlossen war. Auch wenn Sizilien nicht an *Pennisetum setaceum* interessiert zu sein schien, dem Gras behagte es auf der Insel sehr. Die Umweltbedingungen ähnelten denen seines Herkunftsgebiets, nur dass hier die natürlichen Feinde und Konkurrenten fehlten, mit denen es dort tagtäglich zu kämpfen hatte. Also beschloss das Afrikanische Lampenputzergras, seine Verbreitung ein wenig zu beschleunigen.

Seine Schönheit war hierfür sicherlich hilfreich, sie allein reichte indes wohl kaum für das Gelingen der Flucht unseres samtweichen Freundes aus. Doch verfügt das Afrikanische Lampenputzergras über weitere Mittel, die es ihm erlauben, in einer neuen Umgebung zu expandieren. Denn es gehört auch zu einer der Arten mit der höchsten bekannten Ausbreitungsgeschwindigkeit, weshalb *Pennisetum*

Ageratum
Sea
Salicornia
Lepidum

Sesbania
Serapias cap
Gulf
a
Setaria

setaceum problemlos in sehr unterschiedlichen Klimazonen zurechtkommt – solange es pro Jahr wenigstens 1300 Millimeter Regen gibt und die Temperatur nicht unter null Grad sinkt, ist alles in Ordnung. Die Pflanze wird im zweiten Lebensjahr geschlechtsreif und blüht im sizilianischen Klima praktisch unausgesetzt von März bis September. Außerdem ist die Art perfekt an hohe Temperaturen, Trockenheit und gelegentlich auftretende Buschfeuer angepasst. Dank dieser Fähigkeit sprießt das Afrikanische Lampenputzergras gerade nach Bränden deutlich schneller als seine direkten sizilianischen Konkurrenten.

Sein Samen ist etwas ganz Besonderes. Während er unter günstigen Bedingungen umgehend keimt, kann er unter ungünstigen bis zu sechs Jahre lang im Boden verharren. Das Gras produziert große Samenmengen, die sich mithilfe von Wind, Wasser, Tieren, Menschen und sogar Fahrzeugen verbreiten. Vor allem mit Fahrzeugen! Tatsächlich ist es letztlich Straßen und Verkehrsmitteln zu verdanken, dass *Pennisetum setaceum* Sizilien erobern konnte.

Doch eins nach dem anderen. Zunächst einmal musste die Pflanze den Beeten des Kolonialgartens entkommen, was sich als reinstes Kinderspiel erwies. Einer der häufigen windigen Tage in Palermo genügte, um Abertausende der fedrigen Samen durch die Luft zu wirbeln. Sobald diese die Mauern des Gartens erst einmal überwunden hatten, ließen sie sich in Beeten und Brachen der Umgebung nieder. Einmal in Freiheit, war es nur noch eine Frage der Zeit und die Eroberung konnte beginnen. Das Gras siedelte sich auf unbebauten Flächen an und breitete sich entlang der Hauptstraßen Palermos aus, bis es die Stadt verlassen hatte – wobei es eine ähnliche Technik nutzte wie *Senecio squalidus* in Großbritannien. Karten veranschaulichen die tatsächlich dem Straßennetz folgende Ausbreitung des Afrikanischen Lampenputzergrases. Jedes Jahr schritt die Pflanze Dutzende von Kilometern voran und ist heute praktisch in ganz Sizilien verbreitet. Eine sizilianische Art erobert Großbritannien und eine eritreische Sizilien – echte Globalisierung eben, wie es sie in der Natur immer schon gegeben hat. Denn für Pflanzen sind Zölle, Grenzen, Absperrungen und Barrieren glücklicherweise völlig sinnlose Konzepte.

02_c.

Die Wasserhyazinthe oder Flusspferde in Louisiana

Ein Gewächs, dem in vielen Teilen der Welt – und ganz besonders bei Organisationen, die sich mit invasiven Arten befassen – ein ausnehmend schlechter Ruf anhaftet, ist die Dickstielige Wasserhyazinthe *(Eichhornia crassipes)*. Aufgrund ihrer raschen Ausbreitung und meist vergeblicher menschlicher Gegenmaßnahmen wird sie allgemein als die schlimmste invasive Wasserpflanze angesehen. Tatsächlich hat sie das zweifelhafte Privileg, dem elitären Club der 100 als besonders problematisch geltenden invasiven Arten anzugehören, einer Liste, die von der Invasive Species Specialist Group (ISSG)[12] erarbeitet wurde. Die Art gilt als pflanzliche Verkörperung des Bösen und ist allseits verhasst. Es versteht sich von selbst, dass ich an der Behandlung dieses Themas nicht vorbeikomme.

Betrachtet man sie, mag man kaum glauben, dass sich hinter einem so zarten und anziehenden Äußeren ein solches Monster verbergen soll. *Eichhornia crassipes* ist eine aus dem Amazonasgebiet stammende Wasserpflanze, die dank ihrer bauchigen und schwammigen, Luft speichernden Stängel schwimmen kann. Sie besitzt breite, glänzende Blätter, die auf der Wasseroberfläche eine mächtige Schicht aus Pflanzenmaterial bilden können – oftmals bis zu einem Meter dick. Die Wasserhyazinthe bildet zahlreiche, wunderschön anzusehende Blüten aus, deren Farbspektrum von Lavendel bis Rosa reicht. Sie sind der Köder, dem die Menschen nicht widerstehen konnten, denn schon Ende des 18. Jahrhunderts wurde die Art ihrer dekorativen Eigenschaften wegen geschätzt und nach Europa importiert. Heute kommt die Wasserhyazinthe auf fünf Kontinenten und in mehr als 50 Ländern vor.

Es war also die Schönheit der Pflanze, die ihren Erfolg begründete. Im Jahr 1823 unter ihrem Gattungsnamen *Eichhornia* beschrieben – dem preußischen Staatsmann Johann Albrecht Friedrich Eichhorn (1779–1856) gewidmet –, verbreitete sich die Wasserhyazinthe rasch in der ganzen Welt. Hierbei nutzte sie die botanischen und privaten

Gärten insbesondere Europas als Sprungbrett. Durch den Austausch von Sammlern und Botanikern erreichte die Pflanze bereits in der zweiten Hälfte des 19. Jahrhunderts alle tropischen Gebiete der Erde.

In Asien landete die Wasserhyazinthe 1884, wo sie im Botanischen Garten von Bogor auf Java angesiedelt wurde. Wie es der Pflanze innerhalb weniger Jahre gelungen ist, von dort weiterzureisen und den gesamten Kontinent zu erobern, ist noch unklar. Manche glauben, sie hätte den Botanischen Garten im Zuge einer Überschwemmung unverzüglich verlassen und sei nicht mehr aufzuhalten gewesen, nachdem sie erst einmal einen Fluss erreicht hatte. Andere hingegen berichten von einer thailändischen Prinzessin, die die Wasserhyazinthe 1907 in Bogor gesehen und sich sofort in sie verliebt haben soll. Sie ließ einige Exemplare im See ihres Palasts anpflanzen, von wo aus sich die Art in Abwesenheit natürlicher Fressfeinde nach nur vier Jahren in ganz Thailand ausgebreitet hatte.

In Australien wurde die Wasserhyazinthe 1890 als Zierpflanze für Teiche eingeführt. Bereits 1895 entdeckte man jedoch in New South Wales frei wachsende Exemplare und 1897 begannen sich die Botaniker der Royal Botanic Gardens in Sydney wegen der Geschwindigkeit zu sorgen, mit der sich die Pflanze in sämtlichen Gewässern des Gartens breitmachte. Zu Beginn des 20. Jahrhunderts hatte sie die Grenzen von New South Wales überschritten und Queensland erreicht. Im Jahr 1976 waren ganze Flussgebiete über Tausende von Hektar mit der wuchernden Pflanze bedeckt.

Afrika eroberte das Gewächs Ende des 18. Jahrhunderts in mehreren, bis heute andauernden Wellen. Über ihre Anwesenheit im Viktoriasee wurde erstmals 1989 berichtet. Bereits 1995 waren 90 Prozent des zu Uganda gehörenden Seeareals von der Pflanze überwuchert[13].

Angesichts ihrer rasanten Ausbreitung in den tropischen Gebieten des Planeten war es nur eine Frage der Zeit, bis die Wasserhyazinthe auch einen Weg in die Vereinigten Staaten finden würde. Gegen Ende des 19. Jahrhunderts war es schließlich so weit und auch in diesem Fall diente die Schönheit ihrer Blüten als Eintrittskarte.

Anlässlich der Weltausstellung in New Orleans im Jahr 1884 – auch bekannt als World Cotton Centennial – überreichte eine Gruppe Japaner den Veranstaltern und Stadtbeamten einige Exemplare der Wasserhyazinthe als willkommenes Gastgeschenk. Wie alle anderen waren auch die Amerikaner von der Anmut und Schönheit der Blüten fasziniert. Damit möglichst viele Menschen den Anblick des blühenden japanischen Gastes genießen konnten, wurden die Pflanzen auf die wichtigsten öffentlichen und privaten Gärten des Staates Florida verteilt, die über geeignete Wasserflächen verfügten. Die beinahe übernatürliche Expansionsfähigkeit der Wasserhyazinthe wurde bald sichtbar. Innerhalb weniger Jahre war die Pflanze in vielen Südstaaten der USA allgegenwärtig.

Die Geschwindigkeit, mit der sie sich vermehrte, führte rasch zu ernsthaften Problemen. Bereits 1897 wurden in den wichtigsten Wasserläufen Floridas 50 Kilogramm *Eichhornia crassipes* pro Quadratmeter festgestellt. Das Wachstum und die unkontrollierte Ausbreitung der Pflanze gefährdeten Fische, Wassertiere und die Nutzung der Wasserläufe durch den Menschen. Nicht zuletzt auch die Schifffahrt, denn in manchen Gewässerabschnitten wurde die Vegetationsdecke so dicht und ausgedehnt, dass sie von Booten nicht mehr durchdrungen werden konnte. Es musste dringend etwas geschehen. Aber wie sollte man aufhalten, was sich anscheinend nicht aufhalten ließ? Der Einsatz natürlicher Feinde wurde erwogen, nur schien keiner von ihnen in der Lage zu sein, die Verbreitung der Pflanze in irgendeiner Weise einzudämmen. Es wurde vorgeschlagen, die befallenen Gewässer mithilfe modifizierter Boote mechanisch zu reinigen. Und das Verteidigungsministerium wollte die Pflanzen sogar mit Öl übergießen, um sie zu verbrennen. Doch nichts davon erwies sich als praktikabel.

An diesem Punkt der Geschichte trat eine schillernde Persönlichkeit auf den Plan, ein Mann, der vielen als großer Held und Symbol des Westens galt. Ein Redner präsentierte ihn zu Beginn des vergangenen Jahrhunderts seinen Zuhörern mit folgenden Worten: »Ich möchte Ihnen einen Mann vorstellen, der die Grausamkeit des Krieges kennt … einen Soldaten. Einen Kundschafter, über dessen kühne

Taten und treue Dienste man sich auf der ganzen Welt Geschichten erzählt. Er ist der Ritter des Niemandslands, der seinem Wissen, der Vorsehung und vor allem den gesunden Hufen seines guten Rosses vertraut ... Ich fühle mich geehrt, Ihnen den einzigen Mann in Amerika präsentieren zu dürfen, der die dunkelsten Seiten im dunklen Afrika kennt ... Major Frederick Russell Burnham.«

Burnhams Geschichte hat etwas Unglaubliches. Im Laufe seines Lebens bestand er so viele Abenteuer, dass sie kaum zu zählen sind. Wie so oft, muss das, was in den Vereinigten Staaten geschieht, mit größeren Maßstäben gemessen werden, denn dort sind die Weiten endloser, die Bauten gewaltiger, die Autos stärker, die Züge länger und die Helden großartiger als ihre europäischen Pendants. Es wurden Hunderte von Büchern über Burnhams Leben geschrieben und ich kann an dieser Stelle schwerlich ein vollständiges Porträt seiner Persönlichkeit zeichnen, aber ein paar Dinge sollte man über ihn wissen.

Burnham war von kleiner Statur, nur 1,62 Meter groß, und hatte jene bonapartische Haltung zu Führung und Autorität, wie sie viele Menschen von geringerer Körpergröße unwissentlich entwickeln. Sein Körper war zwar klein, aber unglaublich kompakt und mit einem Temperament beseelt, das ihm etwas Unangreifbares verlieh. Er hielt Strapazen aus und überlebte Verwundungen, die jeden anderen Menschen getötet hätten. Man sagte ihm nach, dass er die sprichwörtlichen sieben Leben einer Katze habe. Und angesichts seiner vielen Abenteuer brauchte Major Burnham diese wohl auch. Hier seien nur die wichtigsten Stationen seines Lebens genannt.

Er wird 1861 als Sohn von Missionaren in einem Reservat der Dakota-Sioux in Minnesota geboren. Noch in den Windeln, überlebt er während des Sioux-Aufstands von 1862 einen von Little Crow geführten Indianerangriff. Im Alter von zwölf ist er ohne Familie in Kalifornien, wo er als Meldereiter für die Western Union Telegraph Company arbeitet. 1875, mit 14 Jahren, wird er Kundschafter in den Apachenkriegen. Er nimmt an der Expedition gegen Geronimo und am Pleasant-Valley-Krieg teil. Er lernt, mit beiden Händen bei vollem

Galopp zu schießen, und wird Vize-Sheriff von Pinal County. 1893 ist ihm das amerikanische Grenzland zu friedlich geworden und er macht sich mit Frau und Sohn nach Südafrika auf, um sich den britischen Pionieren von Matabeleland (später bekannt als Rhodesien) anzuschließen. Er legt gerade mit seiner Familie zu Fuß die 1600 Kilometer zurück, die Durban von Matabeleland trennen, als der Erste Matabelekrieg zwischen den Briten und König Lobengula ausbricht. Burnham kämpft für die Briten und wird ein englischer Nationalheld. Im Jahr 1895 leitet er eine britische Expedition in Nordrhodesien. Er entdeckt zahlreiche Kupferminen und wird zum Mitglied der Royal Geographical Society gewählt. 1896 nimmt er am Zweiten Matabelekrieg teil, in dem er Robert Baden-Powell begegnet, mit dem er den Grundstein zu einer Organisation legt, die später als Pfadfinder bekannt werden sollte. Nach dem Ende der Kämpfe kehrt er in die Vereinigten Staaten zurück, wo er feststellen muss, dass er zu spät dran ist, um noch im spanisch-amerikanischen Krieg mitkämpfen zu können. Im Jahr 1900 erkundet er gerade den Klondike, als ihn ein Telegramm erreicht, in dem er gebeten wird, als *Chief of Scouts* (Kundschafterführer) für die Briten am Zweiten Burenkrieg teilzunehmen. Er lässt sich nicht lange bitten und eilt vom Klondike hinüber auf die andere Seite der Welt nach Kapstadt. Während des Krieges verbringt er die meiste Zeit hinter den feindlichen Linien, um Brücken und Eisenbahnlinien zu sprengen. Zweimal gerät er in Gefangenschaft, kann jedoch beide Male entkommen. Er wird schwer verwundet und überlebt. Später lädt Königin Victoria ihn zum Abendessen ein und ihr Sohn, Edward VII., ernennt ihn zum Major der britischen Armee. Von 1902 bis 1904 leitet er Bergbauerkundungsexpeditionen in Afrika. Er ist in der Spionageabwehr tätig und nimmt am Ersten Weltkrieg teil. Er findet Öl in Kalifornien und wird reich … Und so weiter und so fort, aber damit will ich es nun bewenden lassen.

Major Frederick Russell Burnham ist eine amerikanische Legende, so viel ist wohl deutlich geworden. Als er sich 1910 zusammen mit Robert Broussard, dem Senator von Louisiana, und Hauptmann Fritz Joubert Duquesne[14], seinem ehemaligen eingeschworenen

Feind, beim Kongress für den Import von Flusspferden in die Vereinigten Staaten einsetzte, hielt ihn deshalb auch niemand für verrückt. Im Gegenteil: Die Idee, in den Gewässern Louisianas Flusspferde zu züchten, damit sie Wasserhyazinthen fraßen, und dabei zugleich dem Fleischmangel jener Jahre abzuhelfen, erschien genial. Der Vorschlag war etwas bizarr, wurde aber überzeugend und nicht ohne Charme vorgetragen. Den Kongressausschuss, der darüber zu entscheiden hatte, fragte Burnham, warum die Amerikaner darauf bestünden, nur Rinder, Schweine, Schafe und Geflügel zu verzehren. Schließlich seien auch diese keine amerikanischen Tiere, sondern vor Jahrhunderten aus Europa mitgebracht worden. Warum also nicht auch Flusspferde einführen? Mit der Zeit, so führte Burnham vor den Abgeordneten aus, würde ein Flusspferdebraten den Amerikanern so selbstverständlich erscheinen wie Schweinesteak oder Hühnersuppe. Vernunft macht keinen Aufstand. Letztlich scheiterte der Antrag an nur einer einzigen fehlenden Stimme.[15]

Ich weiß nicht, ob die Einführung von Flusspferden den Fleischengpass behoben hätte. Vielleicht. Allerdings ist völlig offen, ob die Tiere in der Lage gewesen wären, sich an ihre neue Umgebung anzupassen. Außerdem sind Flusspferde keine Haustiere und ich kann mir nicht vorstellen, dass sie einfach zu züchten sind. Vor allem jedoch bezweifle ich, dass die Tiere ein wirksames Mittel gegen die Ausbreitung der Wasserhyazinthe gewesen wären. Es wurde schon häufig versucht, invasive Pflanzenarten durch die Einführung von Fressfeinden zu bekämpfen, doch dabei ist fast nie etwas herausgekommen. Meistens haben Maßnahmen wie diese schlimmere Probleme verursacht als die, die sie hätten lösen sollen. Im besten Fall hat man es mit einer weiteren Art zu tun, um die man sich sorgen muss. Hätte damals ein Ausschussmitglied mehr für ihre Einführung gestimmt, gäbe es heute im Süden der USA vermutlich Flusspferde. Ich bin mir sicher, dass sie durch Flüsse und Sümpfe voller Wasserhyazinthen schwimmen würden.

Mutige Kapitäne

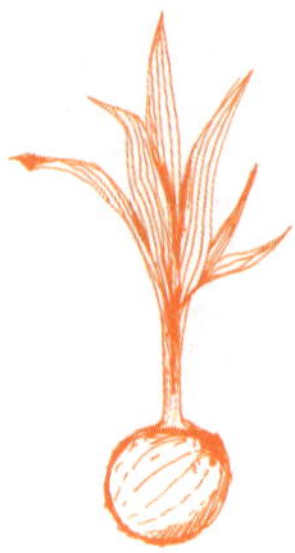

03

Art: Kokospalme • Domäne: Eukaryoten • Reich: Pflanzen (Plantae) Abteilung: Gefäßpflanzen (Tracheophyta) • Unterabteilung: Samenpflanzen (Spermatophyta) • Klasse: Bedecktsamer (Magnoliopsida) Ordnung: Palmenartige (Arecales) • Familie: Palmengewächse (Arecaceae) Unterfamilie: Arecoideae • Tribus: Cocoseae • Gattung: Kokospalmen *(Cocos)* • Wissenschaftlicher Name: *Cocos nucifera* • Herkunft: Südindien (vermutlich) • Verbreitung: weltweit (in den Tropen)

Erstes Auftreten in Europa: 16. Jahrhundert

Dass Pflanzen sich dank ihrer Samen auch in Gegenden verbreiten können, die sehr weit von ihren Herkunftsgebieten entfernt liegen, ist heute eine allgemein bekannte Tatsache. Das war jedoch nicht immer so. Noch Mitte des 19. Jahrhunderts war es ein Rätsel, wie die Pflanzen das bewerkstelligen. Wie sollte man auch die vielen unterschiedlichen Arten auf unbewohnten Inseln erklären? Waren diese doch offenbar von niemandem betreten worden, bevor die ersten Entdecker sie erreichten. War es möglich, dass Gott an den verschiedenen Orten der Erde unterschiedliche Arten erschaffen hatte? Oder gab es vielleicht mehrere Schöpfungsereignisse – für jeden einzelnen Ort der Erde? Das zumindest waren die Theorien, die die Mehrheit der Wissenschaftler vertrat. Dabei muss man sich stets vor Augen halten, dass die meisten Forscher vor Darwin sich die Existenz so vieler unterschiedlicher Arten damit erklärten, dass jede von ihnen einzeln, für sich geschaffen worden sein müsse.

Andere wiederum vertraten die Ansicht, die verschiedenen Landflächen der Erde müssten einst miteinander verbunden gewesen sein – was es den Pflanzen ermöglicht habe, sich auszubreiten. Das hätte erklärt, warum die Flora einer Insel wie England sich nicht übermäßig von derjenigen des europäischen Festlands unterschied.

Desert
Poulonia Coast
Phormium Cap
Port Aucuba
Allium
Astilbe

Dabei darf nicht vergessen werden, dass die Theorien über Plattentektonik und Kontinentaldrift erstmals 1912 von Alfred Wegener formuliert wurden. Erst in der zweiten Hälfte des 20. Jahrhunderts, nachdem ausreichend unwiderlegbare Beweise vorlagen, haben auch die letzten Skeptiker unter den Wissenschaftlern ihre Gültigkeit anerkannt.

Charles Darwin jedoch konnte weder der kreationistische Erklärungsansatz noch die Idee von ursprünglich miteinander verbundenen Landflächen überzeugen. Obwohl sich in seiner Korrespondenz Hinweise darauf finden, dass er Letzterer offenbar nicht gänzlich abgeneigt war. Denn Darwin war durchaus bewusst, dass es in der Vergangenheit bedeutende Veränderungen in den Küstenverläufen der Kontinente gegeben haben musste. Seine persönliche Sichtweise auf das Problem war jedoch eine andere. Er war der Auffassung, dass Pflanzen ihre Samen mithilfe des Windes, der Tiere und vor allem des Wassers auch über große Entfernungen verbreiten könnten. In Letzterem sah er die einzige Möglichkeit, um die Besiedlung abgelegener Inseln zu erklären. Ebenso wie der Mensch über alle Meere gereist war, um jeden Winkel der Erde zu erkunden, mussten auch die Pflanzen über das Wasser in die ganze Welt gelangt sein.

Die Schwachpunkte dieser Theorie entgingen Darwin dabei keineswegs. So gab es keine Beweise dafür, dass Samen längere Zeit im Meerwasser überleben konnten. Dass ihnen dieses Kunststück für einige Tage oder höchstens für ein paar Wochen gelang, mochte noch angehen. Aber überstanden sie auch die vielen Monate auf dem Meer, die notwendig sind, um ferne Länder zu erreichen? Selbst Darwin erschien das unwahrscheinlich. Um entscheiden zu können, welche Theorie die richtige war, musste er Beweise finden. Während sich für den Kreationismus oder die ehemalige Verbindung zwischen den Landflächen schwerlich wissenschaftliche Belege finden ließen, konnte die Überlebensfähigkeit von Samen im Meerwasser relativ leicht experimentell überprüft werden. Darwin verschaffte sich Samen häufig vorkommender Arten wie Hafer, Brokkoli, Flachs, Kohl, Salat, Zwiebeln und Rettich, die er in Flaschen mit Salzwasser einlegte. Anschließend setzte er die Behälter unterschiedlichen Umweltbedingungen aus, indem er einige draußen im Garten und andere im Keller oder sogar in Eiswasser lagerte, um die Auswirkung von Temperaturunterschieden beurteilen zu können. In regelmäßigen Abständen entnahm er den Flaschen einige Samen und säte sie aus, um ihre Keimfähigkeit zu testen.

Die Ergebnisse waren gut, wenn sie auch nicht unbedingt zur Begeisterung Anlass gaben. Viele Arten keimten nach einigen Tagen im Meerwasser problemlos, doch mit wachsender Einlagerungsdauer sanken die Keimraten dramatisch. Außerdem hatten die Versuchsbedingungen in manchen Fällen recht unangenehme Folgen. So schrieb Darwin in einem 1856 veröffentlichten Artikel[1], dass zum Beispiel Kohl-, Broccoli- und Zwiebelsamen im Meerwasser »überraschend starke« unangenehme Gerüche produzierten, wenngleich »weder die Fäulnis des Wassers noch die unterschiedlichen Temperaturen einen deutlichen Einfluss auf die Keimfähigkeit hatten«.

Trotz des Gestanks war Darwin mit den erzielten Ergebnissen insgesamt so zufrieden, dass er einem seiner liebsten Freunde, Sir Joseph Dalton Hooker, einem berühmten Botaniker, voller Freude davon schrieb. Hooker, der 20 Jahre lang die Royal Botanic Gardens Kew leitete, scheint seine Begeisterung jedoch nicht geteilt zu haben. In seinem Antwortschreiben wies er auf einen eklatanten Fehler in Darwins Argumentation hin: Die Samen, von denen dieser ihm berichtet hatte, schwimmen normalerweise nicht. Die simple Beobachtung seines Freundes, die ihm selbst entgangen war, ließ Darwin schier verzweifeln. In einem Brief vom 15. Mai 1855 gestand er Hooker, dass er befürchte, mit dem Versuch, »diese undankbaren Kanaillen zu salzen«, nur seine Zeit verschwendet zu haben. Darwin experimentierte allerdings nicht nur mit Meerwasser, denn er vermutete, dass auch Fische bei der Verbreitung von Pflanzensamen eine Rolle spielen könnten. Wenn Landtiere bei diesen Vorgängen von so großer Bedeutung waren, so überlegte er, musste dasselbe auch für Meeresbewohner gelten – oder nicht? Um seine Hypothese zu überprüfen, begann er mit einer Reihe von Experimenten, in

3736
2313
Anemone
Aspidistra
Aquilegia
Myosotis
Aegilops
Plant
Crataegus
Galaxy
Althea

Way
z215
Solis
Cyprypedyum
Lethines
2713 l
System
Asphodelus

denen er Samen an Fische verfütterte. Aber auch damit hatte er kein Glück.

Im selben Brief an Hooker, in dem Darwin beklagt, dass ihm die mangelnde Schwimmfähigkeit der Samen entgangen war, berichtet er seinem Freund von weiteren Missgeschicken, die ihm bei der Arbeit mit diesen »schrecklichen Samen« widerfahren waren. Um herauszufinden, ob Fische Samen fressen, hatte er sich an die Zoologische Gesellschaft gewandt und berichtet über seine dortigen Beobachtungen Folgendes: »In letzter Zeit läuft wirklich alles schief. Der Fisch in der Zoologischen Gesellschaft hat viele Samen gefressen und ich stellte mir bereits vor, wie er und alles, was er sich einverleibt hatte, seinerseits von einem Reiher gefressen, über Hunderte von Kilometern fortgetragen und schließlich an den Ufern eines Sees ausgeschieden würde, wo die Samen wunderbar keimen könnten, als der Fisch plötzlich ebenso angeekelt wie ich selbst die Samen wieder erbrach.«

Doch von diesen Rückschlägen ließ Darwin sich nicht entmutigen. Er fuhr mit den Experimenten fort und stellte fest, dass einige Samen durchaus recht lange Zeit schwimmen können. Spargelsamen etwa hielten sich in frischem Zustand 23 und in getrocknetem sogar 86 Tage über Wasser – nach seinen Berechnungen lange genug, um mithilfe von Meeresströmungen etwa 2800 Meilen zurückzulegen.

Interessanterweise ging Darwin das Problem der Samenverbreitung im Wasser auf eine für ihn ganz untypische Weise an, denn normalerweise versuchte er nicht, seine Theorien auf experimentellem Weg zu beweisen, sondern forschte in der Natur nach bereits vorhandenen Belegen. Warum suchte er also nicht direkt an den englischen Küsten nach Samen aus weit entfernten Regionen? Oder warum wandte er sich nicht an seine vielen Korrespondenzpartner überall auf der Welt und bat sie um entsprechende Auskünfte? Hätte er das getan, ihm wäre sofort bewusst geworden, dass er mit seiner Theorie nur teilweise ins Schwarze traf, denn längst nicht alle Pflanzen können ihre Samen in Salzwasser verbreiten. Tatsächlich gibt es nur sehr wenige, die dazu in der Lage sind. Heute wissen wir, dass von den 250000 bekannten Blütenpflanzen etwa 250 Arten (0,1 Prozent)

Samen hervorbringen, die häufiger an Stränden zu finden sind. Die Hälfte von ihnen kann mehr als einen Monat lang im Meer schwimmen, ohne ihre Keimfähigkeit zu verlieren. Zu dieser zugegebenermaßen nicht sehr großen Zahl kommen noch jene Arten, deren Samen an treibenden Pflanzenteilen wie Ästen oder Vegetationsflößen befestigt sind und sich auf diese Weise verbreiten. Wirklich schwimmen können jedoch nur die Samen sehr weniger Arten. Doch ist es gerade ihre Seltenheit, die die echten Seefahrer unter den Pflanzen so interessant macht.

03_a.
Kokosnuss, göttliche Frucht

Man kann nicht über die Kokospalme *(Cocos nucifera)* sprechen, ohne auf die Bedeutung ihrer Frucht hinzuweisen, denn für viele Menschen auf der Welt ist die Kokosnuss dasselbe wie der Weizen für uns Europäer: nämlich ein Grundnahrungsmittel, das ihr Überleben sichert.

Die Kokosnuss ist so etwas wie das Schweizer Armeemesser unter den Nahrungsmitteln, denn von ihr wird fast alles verwendet. Sie ist ein kompakter Behälter, der kalorienreiche Nahrung und Trinkwasser enthält. Sie besitzt Fasern, aus denen man Seile herstellen kann, und ihre Hülle lässt sich in Kohle verwandeln oder als praktischer Schwimmkörper nutzen. Es verwundert daher nicht, dass die Kokosnuss in einigen südostasiatischen Kulturen den Status einer Gottheit erlangt hat, von der das Überleben vieler menschlicher Gemeinschaften abhängt[2].

Unter den verschiedenen Kokosnusskulten sticht ein besonders exzentrischer hervor. Erwähnung verdient er auch deshalb, weil er an einem unerwarteten Ort und in einer unvermuteten Zeit entstand, nämlich im kaiserzeitlichen Deutschland zu Beginn des 20. Jahrhunderts.

Seine Geschichte beginnt in Nürnberg, wo ihr Protagonist, August Engelhardt, am 27. November 1875 geboren wurde. Er war der Gründer einer religiösen Gemeinschaft, die er *Sonnenorden – Aequatoriale Siedlungsgemeinschaft* nannte. Es war ein Kult für Sonnenanbeter und Nudisten, der sich nicht zuletzt um die Verehrung der Kokosnuss drehte.

August Engelhardt brach die Schule frühzeitig ab und machte eine Lehre als Apothekergehilfe, während er nebenbei interessehalber einige Vorlesungen der Chemie und Physik in Erlangen besuchte. In dieser Zeit entwickelte er seine Passion für gesunde und naturverbundene Lebensführung und beteiligte sich aktiv an der *Lebensreform*, einer Art Vorläufer der Hippie-Bewegung, die sich basierend auf den Prinzipien von Vegetarismus und Nudismus für sexuelle Befreiung, alternative Medizin und ein naturverbundenes Leben einsetzte. Engelhardts Ideen waren jedoch sehr viel radikaler als jene der *Lebensreformbewegung*. Vegetarier zu sein, reichte nach seiner Auffassung nicht aus, um ein langes, gesundes und glückliches Leben zu garantieren. Dazu seien extremere Maßnahmen erforderlich. Man dürfe sich nicht von allen Pflanzen ernähren, da sie ein unterschiedliches Maß an Heiligkeit besäßen. Denn es gäbe Gewächse, die dem Sonnengott von Natur aus näher seien als andere. Deshalb solle sich der Mensch so viel wie irgend möglich von der Frucht der heiligsten aller Pflanzen ernähren, nämlich der Kokospalme. Jede Abweichung von dieser Diät hätte Alterung, Schwermut und Krankheiten zur Folge.

Es liegt auf der Hand, dass die Umsetzung eines Lebensstils, in dem nackte Menschen die freie Liebe propagieren und sich von Kokosnüssen ernähren, im damaligen Deutschland neben rechtlichen auch eine ganze Reihe praktischer Probleme aufwarf. Engelhardt hatte jedoch das Glück zu erben, und so machte er sich im Juli 1902 ins heute zu Papua-Neuguinea gehörende Bismarck-Archipel auf, wo er am 15. September desselben Jahres eintraf. Dort erwarb er auf der Koralleninsel Kabakon für 41 000 Mark eine 75 Hektar große Kokos- und Bananenplantage, auf der er sich als einziger Weißer niederließ, denn die übrigen 50 Hektar der Insel waren ein von 40 Melanesiern bewohntes Reservat. Engelhardt baute sich ein kleines Haus mit drei Zimmern, legte seine Kleider ab und begann sich von Tropenfrüchten zu ernähren. Gleichzeitig entwickelte er eine Philosophie, deren Grundpfeiler die Sonne und die Kokospalme waren. Danach verdiente die Sonne als Lebensspender göttliche Verehrung und da die Kokosnuss der Sonne am nächsten wachse, sei sie die beste Nahrung für den Menschen. Er ging sogar so weit zu behaupten, dass der Verzehr der Frucht unsterblich machen könne. Als er an seinem rechten Bein ein Geschwür bekam, führte er seine Erkrankung darauf zurück, dass er in der Vergangenheit außer Kokosnüssen auch noch andere Tropenfrüchte zu sich genommen hatte. Deshalb beschloss er, sich fortan nur noch von Kokosnüssen zu ernähren, woran er sich für den Rest seines Lebens auch hielt.

Der einzige reine Kokovor der Welt zu sein, genügte ihm jedoch nicht. Es bedrückte ihn, dieses für ein besseres Schicksal der Menschheit so entscheidende Wissen für sich zu behalten. Er wollte es zusammen mit dem Kult verbreiten und propagierte seine Idee in Deutschland, wobei er eventuellen Anhängern anbot, ihre Schiffsreise zu bezahlen. Die Resonanz auf seine Kampagne war nicht überwältigend, ließ dafür aber nicht lange auf sich warten. Schließlich erreichten die Proselyten Kabakon und bildeten dort eine aus bis zu 30 Mitgliedern bestehende Gemeinschaft. Viele der Neuankömmlinge starben allerdings nicht lange nach ihrer Ankunft an Unterernährung, Infektionen und Malaria. Das erwies sich als schwerwiegendes Problem, denn die Tatsache, dass die Sterblichkeitsrate unter den Kokovoren Kabakons so viel höher war als unter den einheimischen Melanesiern, sprach nicht unbedingt für die Engelhardt-Diät. Die Kolonialverwaltung von Deutsch-Neuguinea, der diese Vorgänge nicht entgangen waren, verlangte daher vor Erteilung der Einreiseerlaubnis eine gesalzene Kaution von jedem neuen Kabakon-Adepten. Dieses Geld, so erklärte man den Betreffenden, diene dazu, die Krankenhausbehandlung zu bezahlen, die sie zweifellos benötigen würden. Später, als die Lebensbedingungen in der Gemeinschaft der Kokosnussanbeter untragbar geworden waren, sorgte die Kolonialverwaltung dafür, dass keine neuen Gläubigen mehr auf die Insel gelangten, was faktisch das Ende der Gemeinschaft bedeutete.

Adonis Sea
Abutilon Island
Alyssum
Abutilon Gulf

Engelhardt blieb in Gesellschaft einiger überlebender Anhänger zurück und hatte gelegentlich Besuch von deutschen Touristen, die sich mit ihm fotografieren lassen wollten. Die Bilder zeigen einen immer stärker abgemagerten Mann mit wucherndem Bart und langen Haaren, nackt bis auf ein Tuch, mit dem er seine Genitalien während der Touristenbesuche bedeckte, und Verbänden an den Beinen, wo sich als Folge der Mangelernährung Geschwüre gebildet hatten. Am 6. Mai 1919 wurde seine Leiche am Strand von Kabakon gefunden. Nur vier Tage später verstarb im Krankenhaus von Kokopo, der Hauptstadt Neuguineas, auch der letzte seiner Anhänger, und mit ihm wurde der Kult der deutschen Kokosnussanbeter zu Grabe getragen.

Warum erzähle ich das alles? Nun, zunächst einmal sind mir Exzentriker – oder auch Spinner – wie unser August einfach sympathisch und ihre Geschichten faszinieren mich. Aber das ist natürlich nicht der einzige Grund. Tatsächlich verdeutlicht ein Korollarium von Engelhardts Aktivitäten ein wichtiges Problem im Zusammenhang mit der Ausbreitung der Kokospalme. Aber dazu muss ich noch einmal auf ihn zurückkommen, denn die Geschichte August Engelhardts ist noch nicht ganz zu Ende. Nun ja, seine irdische Geschichte schon, aber sein Vermächtnis wirkte weiter.

Anhängern und Touristen, die ihn im Laufe der Jahre auf seiner Insel besuchten, pflegte Engelhardt nämlich stets einige Kokosnüsse mitzugeben, damit sie die Gottheiten auf den Inseln und Atollen verteilten, die sie anschließend aufsuchten. Viele von ihnen taten es mit der für frisch Bekehrte typischen Beflissenheit und trugen auf diese Weise aktiv zur Verbreitung der Kokospalme an Orten bei, an denen sie zuvor nicht existiert hatte. Und genau das führt uns zum größten Mysterium der Kokospalme. Denn inzwischen hat sie sich über die ganze Welt verbreitet, aber von woher sie ursprünglich stammt, ist nach wie vor unklar.

Jahrhundertelang müssen Kokosnüsse den Nordeuropäern als unerklärliches Rätsel erschienen sein. Denn lange bevor man dort wusste, was Palmen sind, wurden diese seltsamen, kinderkopfgroßen Früchte bereits an den Küsten Norwegens oder Irlands angespült.

Was diese sperrigen Objekte waren und woher sie kamen, konnte sich niemand erklären. So gut wie nichts war über Kokosnüsse bekannt. Zwar finden sie im *Milione – Die Wunder der Welt* von Marco Polo (1254–1324) und später in Antonio Pigafettas (vor 1492–nach 1524) Bericht über *Die erste Reise um die Welt* (1519–1522) mit Ferdinand Magellan (vor 1485–1521) Erwähnung, aber dabei handelt es sich nur um hastige Notizen. Erst nachdem Spanier und Portugiesen die Frucht bei ihren Erkundungsfahrten in Südostasien schätzen gelernt hatten und damit begannen, überall dort, wo es das Klima erlaubte, Kokospalmen anzupflanzen, verbreitete sich mit der Pflanze auch das Wissen über sie.

Allerdings war die Kokospalme schon an vielen, weit voneinander entfernt liegenden Orten zu finden, lange bevor sich Spanier und Portugiesen im 16. Jahrhundert anschickten, die Welt unter sich aufzuteilen. Aber wie hatte die Pflanze das geschafft? War ihr das mit der Hilfe von Menschen wie den Anhängern Engelhardts gelungen, oder hatte sie es der Fähigkeit ihrer Samen zu verdanken, Ozeane unbeschadet zu überqueren? Und vor allem, stammt sie vom amerikanischen Kontinent und hat sich von dort aus bis in den asiatischen Raum verbreitet oder war es umgekehrt? Versuchen wir, etwas Licht in dieses Dunkel zu bringen.

Von großer Bedeutung ist in diesem Zusammenhang natürlich die Frage, ob die Kokospalme bereits in Amerika vorhanden war, als Kolumbus den Kontinent erreichte. Doch leider lässt sich selbst das nicht mit Sicherheit sagen. Weder Christoph Kolumbus (1451–1506) noch Amerigo Vespucci (ca. 1451–1512), Hernando de Soto (ca. 1496–1542), Juan Ponce de León (ca. 1460–1521) oder andere frühe Entdecker beschreiben die Pflanze oder etwas, das ihr ähneln könnte. Der Einzige, der sie erwähnt, ist der Historiker Gonzalo Fernández de Oviedo (1478–1557) in Nicaragua, doch einige Merkmale der von ihm beschriebenen Frucht scheinen eher auf eine andere Palmenart zu weisen. Selbst wenn die Kokospalme aber in einem begrenzten Gebiet in Mittelamerika heimisch gewesen sein sollte, muss man sich fragen, warum es sie dann nicht auch im übrigen Mittel- und in Südamerika gab. Dort wurde sie nämlich – und das wissen wir mit Sicherheit – erst sehr viel später von den Portugiesen eingeführt.

Auffallend ist jedoch, dass in Asien keine anderen Arten der Tribus *Cocoseae*[3] zu finden sind und dass in Südamerika der nächste Verwandte der Kokospalme wächst. Das ist jedoch nur ein schwaches Indiz für ihre amerikanische Herkunft, denn in Südasien ist die Kokospalme schon immer bekannt. Dort ist auch die genetische Vielfalt am größten, genauso wie es für ein Herkunftsgebiet zu erwarten wäre. Mit anderen Worten: Es ist ein hübsches Durcheinander, dem wohl nur so seltsame Leute wie wir Botaniker etwas abgewinnen konnten, bis ein Nichtbiologe auf den Plan trat und etwas Schwung in die Angelegenheit brachte.

Ein starker Impuls für die Südamerikatheorie ging von den Ideen des norwegischen Naturforschers, Archäologen und Anthropologen Thor Heyerdahl aus, der durch seine Fahrt mit der Kon-Tiki weltberühmt wurde. Im Jahr 1947 segelte Heyerdahl mit dem nach Inka-Vorbildern gebauten Balsaholzfloß von der peruanischen Hafenstadt Callao aus über den Pazifik. Mithilfe des Humboldtstroms erreichte er nach 101 Tagen und 7000 Kilometern das zu Französisch-Polynesien gehörende Tuamotu-Archipel. Diese Reise zeigte, dass südamerikanische Volksgruppen in der Vergangenheit zumindest theoretisch mit Fahrzeugen wie der Kon-Tiki Polynesien besiedelt und dabei auch Süßkartoffeln oder Kokosnüsse mit sich geführt haben könnten. Ungeachtet der Faszination, die von Heyerdahls Thesen ausging, bewiesen Gentests später jedoch das genaue Gegenteil, denn die mitochondriale DNA der Polynesier deutet auf ihre Abstammung von Bewohnern Südostasiens.[4] Die Besiedlung Südamerikas könnte also von Südostasien aus erfolgt sein und nicht umgekehrt.

Thor Heyerdahl begründete seine Theorie nicht zuletzt mit einer Reihe von botanischen Argumenten. Eines davon kennen wir bereits, denn es betrifft die sowohl in Mittelamerika als auch in Asien vorkommende Kokospalme. Ein anderes war die Süßkartoffel *(Ipomoea batatas)*, die in Südamerika spätestens seit 2000 vor Christus angebaut wird und in Polynesien seit etwa 1200 nach Christus bekannt ist.

Obwohl sie eindeutig aus Südamerika stammt, stellt sich dennoch die Frage, wie die Süßkartoffel nach Polynesien kam. Heyerdahl glaubte, dass sie in Kon-Tiki-ähnlichen Booten von Seefahrern aus Südamerika mitgebracht wurde. Doch wieder lag er falsch. DNA-Untersuchungen der neueren Zeit haben auch diese Frage ein für alle Mal geklärt.[5] Die Süßkartoffel ist Südamerikanerin und schon lange vor dem Menschen in Polynesien angekommen, was sie zu einem weiteren großen Seefahrer macht. Und was ist nun mit der Kokospalme? Auch wenn der endgültige Beweis noch aussteht, ist die Mehrheit der Wissenschaftler inzwischen der Ansicht, dass ihre Früchte den umgekehrten Weg eingeschlagen haben und von Südostasien aus nach Südamerika eingewandert sind.

Ganz gleich, ob sie nun allein oder mit dem Menschen nach Südamerika gelangte, die Kokosnuss bleibt einer der ganz großen Seefahrer in der Pflanzenwelt. Ihre Fähigkeit, über vier Monate unbeschadet im Meerwasser zu überstehen und sich wie die Süßkartoffel mithilfe der Meeresströmungen im gesamten Pazifik zu verbreiten, hat die Geschichte ganzer Kontinente beeinflusst.

03_b. Die Kallipygos-Palme

Nur damit es keine Missverständnisse gibt, die *Coco de Mer* oder Seychellenpalme *(Lodoicea maldivica)*, um die es in diesem Abschnitt gehen soll, verbreitet sich gar nicht. Tatsächlich handelt es sich um eine der am wenigsten mobilen Pflanzenarten überhaupt, denn ihr Vorkommen ist auf Praslin und Curieuse, zwei Inseln der Seychellen, beschränkt. Dennoch hat auch ihre Geschichte mit dem Meer zu tun. Und wen es wundert, dass ausgerechnet eine nur auf den Seychellen heimische Art *maldivica* (also *maledivisch*) heißt, der kennt die Botaniker schlecht. Es sind in der Tat seltsame Menschen – so seltsam, dass sie eine Art mit dem naheliegenden Namen *Lodoicea sechellarum* in *maldivica* umbenennen. Nun gut, es mag ein wenig extravagant sein, eine endemische Spezies[6] der Seychellen nach den Malediven zu benennen, aber bis zu einem gewissen Grad ist es immerhin nachvollziehbar, wie wir sehen werden. Unverzeihlich hingegen ist, dass die Botaniker in ihrem ständigen Drang, jede Pflanze umzubenennen, diese Palmenart zuvor bereits des Namens beraubt hatten, der am besten zu ihr passte, nämlich *Lodoicea callipyge*[7]: die *Lodoicea* mit dem schönen Hintern. Wer einmal einen Samen dieser Art gesehen hat, weiß, wovon ich rede. Auch wenn es dem Franzosenkönig Ludwig XV., dem der Name der Gattung gewidmet ist (von *Lodoicus*, der latinisierten Form von Louis), vielleicht nicht gefallen hätte, mit einer so unköniglichen Bezeichnung in Verbindung gebracht zu werden, ist besagte Palme ein wahrhaft fürstliches Gewächs.

Zunächst einmal hält es mehrere botanische Rekorde, denn es bildet die größten wild wachsenden Früchte aus. Diese werden bis zu 42 Kilogramm schwer und 50 Zentimeter lang – Werte, die nur von einigen domestizierten Arten wie Kürbissen übertroffen werden. Auch ihre Samen sind mit einem Gewicht von bis zu 17 Kilogramm die größten im Pflanzenreich. Hinzu kommen das längste Keimblatt (bis zu vier Meter) und die größten weiblichen Blüten aller bekannten Palmengewächse. Zu diesen Rekorden gesellt sich die wunderschöne Form des zweilappigen Samens, der den Artennamen *kallipygos* mehr als verdient, denn er hat tatsächlich große Ähnlichkeit mit einem weiblichen Becken.

Bis 1743, als der französische Seefahrer Lazare Picault die Seychellen kartierte und sie kurz beschrieb, kannte man von dieser Palme nur ihre riesigen Nüsse. Deren leere Hüllen wurden von Zeit zu Zeit an die Strände der nahe gelegenen Malediven geschwemmt, wo Legenden über ihren Ursprung und ihre Heilkräfte entstanden. Eine der bekanntesten brachte den abnormen Samen mit einem mythischen Baum namens Pausengi in Verbindung, der irgendwo südlich von Java im Meer wachsen sollte. Der Baum konnte um seinen Stamm Strudel erzeugen und zog auf diese Weise jedes Schiff an, das so leichtsinnig gewesen war, sich ihm zu nähern. In seiner Krone hauste ein riesiger Vogel namens Rock[8], der jede Nacht ausflog, um mit seinen riesigen Klauen Elefanten, Tiger, Nashörner und andere Tiere zu jagen, die er an seine Jungen verfütterte. Die Frucht eines solchen Baumes musste natürlich herausragende Eigenschaften besitzen und galt daher traditionell als Antidot, das gegen alle Gifte half.

Die Geschichte des Pausengi-Baumes und seiner Früchte findet sich in einer außergewöhnlichen Abhandlung über tropische Botanik, dem *Herbarium Amboinense*, das der deutsche Naturforscher Georg Eberhard Rumpf (der selbst die latinisierte Schreibweise Rumphius bevorzugte) in der zweiten Hälfte des 17. Jahrhunderts während seiner Jahre auf der Molukkeninsel Ambon verfasste.

Rumphius war ein herausragender Botaniker. Während seines Aufenthalts auf den Molukken identifizierte und beschrieb er viele bis dahin unbekannte Pflanzenarten. Seine naturkundlichen Forschungen brachten ihm in Europa den Beinamen *Plinius Indicus* (indischer Plinius) ein. Dabei wurde er während der Arbeit an seinem Lebenswerk, dem *Herbarium Amboinense*, von mehreren Schicksalsschlägen heimgesucht. Er war 43 Jahre alt, als er 1670 den Grauen Star bekam und erblindete. Beim Erdbeben von 1674 verlor er seine geliebte Frau Susanna (nach der er eine Orchidee benannt hatte) und sein Kind. Im Jahr 1687 zerstörte ein Feuer seine gesamte Bibliothek sowie die meisten seiner Zeichnungen und Manuskripte. Es kostete ihn viele Jahre harter Arbeit, das Verlorene wiederherzustellen. Als es so weit war, schickte er die Manuskripte zur Veröffentlichung nach Amsterdam, aber das Schiff wurde von Franzosen angegriffen und versenkt. Glücklicherweise waren die Texte und Zeichnungen vor ihrer Verschiffung in Batavia kopiert worden, sodass das *Herbarium Amboinense* 1696 schließlich doch noch in Amsterdam eintraf. Hier wurde das Manuskript allerdings von der Niederländischen Ostindien-Kompanie unter Verschluss gehalten, weil es angeblich zu viele brisante Informationen enthielt. Fast 50 Jahre wurde die Veröffentlichung auf diese Weise verhindert, bis das *Herbarium Amboinense* schließlich zwischen 1741 und 1750, lange nach Rumphius' Tod, doch noch erschien.

Es ist ein kolossales, mehrbändiges Werk im Folioformat, das aus

1660 Druckseiten und 695 Tafeln mit Zeichnungen besteht – ein wahres Meisterwerk, das mit einer Unmenge an Informationen aufwartet und einen interessierten Leser wie mich in Verzückung geraten lässt. Kein Wunder also, dass es zu meinen bibliophilen Wunschträumen zählt. Das *Herbarium Amboinense* enthält fantastische Geschichten, Legenden und imaginäre Welten und berichtet über die mutmaßliche Nutzung der verschiedenen Arten. Rumphius war der typische Botaniker einer Epoche, die unwiderruflich vorüber ist. Es war eine Zeit, in der Dichtkunst und Fantasie noch zum Handwerkszeug eines Naturforschers gehörten. Das erkennt man nicht zuletzt an den Namen, die Rumphius bis dahin unbekannten Pflanzenarten gab – von wegen *Lodoicea maldivica* oder *sechellarum*: Tintenwurzel, kahler Baum, stinkender Amarant, Ehebrecherpflanze, Saturn-Bart, Herr der Fliegen, Gedächtnisgras, Seesternbaum, blaue Klitorisblume, Nymphenhaar, Nachtbaum, Scharlachsäbel, Trauergras, Nachtliebchen, blinder Baum, Junggesellenkraut.[9] Sogar die wenigen vorhandenen Informationen über jene riesigen gesäßförmigen Nüsse, die Seeleute bisweilen auf ihren Reisen fanden und deren Ursprung unbekannt war, stellte Rumphius in seiner Abhandlung zusammen. Dabei machte er mit Fantasie wett, was man nicht wusste, und schlussfolgerte, dass sie wohl aus unbekannten und gefährlichen Gegenden stammen müss-

ten. Im Jahr 1743, also während der posthumen Veröffentlichung seines *Herbarium Amboinense*, wurde das Herkunftsland der wohlgeformten Nüsse identifiziert und das Geheimnis war gelüftet.

Manches an dieser Pflanze ist jedoch bis heute ein Rätsel. So weiß man noch immer nicht mit Gewissheit, wie sie bestäubt wird. Die *Lodoicea maldivica* ist eine zweihäusige Pflanze, es gibt also männliche und weibliche Individuen. Offensichtlich wird dieser Umstand während der Blütezeit, wenn die männlichen Pflanzen phallusartige Kätzchen (männliche Blütenstände) ausbilden. Wegen dieser einzigartigen erotischen Form entstand bei den Einheimischen die Überzeugung, dass die Bäume Sex haben müssten. Der Legende zufolge entwurzeln sich die Palmenmännchen in dunklen, mondlosen Nächten selbst, um sich den Weibchen zu nähern und sich mit ihnen zu paaren. Und sollte jemand sie trotz aller Vorsichtsmaßnahmen bei ihren Intimitäten beobachten, so droht ihm großes Ungemach, denn er würde sterben oder erblinden. Die Realität ist allerdings deutlich prosaischer. Tatsächlich scheint die Bestäubung – auch wenn der endgültige Beweis dafür noch aussteht – teils anämophil, also mithilfe des Windes, und teils durch einen kleinen Gecko namens *Phelsuma* zu erfolgen, der die Blüten der Palme häufig aufsucht.

Ein weiteres Rätsel im Zusammenhang mit der *Lodoicea maldivica*, für das erst kürzlich eine zufriedenstellende Erklärung gefunden wurde, betrifft die ungewöhnliche Größe ihrer Früchte und Samen. Warum sind sie derart überdimensioniert? Die Aufgabe des Samens sollte es sein, die Art so weit wie möglich zu verbreiten, wobei ein Gewicht von 17 Kilogramm jedoch eher hinderlich ist. Also, noch einmal, warum sind die Samen der Seychellenpalme so groß und schwer? Unter den Verbreitungssystemen im Pflanzenreich findet sich nichts Vergleichbares. Die Investition von so viel Energie und Substanz in einen einzigen Samen erinnert eher an die Fortpflanzungsstrategien höher entwickelter Tierarten.

Viele Tiere betreiben einen erheblichen Aufwand bei der Zeugung und Aufzucht ihres Nachwuchses, dem sie eine lange elterliche Fürsorge angedeihen lassen. Wäre es möglich, dass bei einigen Pflanzen

Ähnliches geschieht? Bis vor wenigen Jahren hätte man diesen Gedanken als absurd abgetan und jeden Vertreter dieser Hypothese für verrückt erklärt. Man nahm es schlicht als gegeben hin, dass elterliche Fürsorge nur höher entwickelten Tierarten vorbehalten ist. In der Pflanzenwelt war so etwas völlig unvorstellbar. Doch dann begann eine Reihe dezidierter Untersuchungen an dieser scheinbar unumstößlichen Tatsache zu rütteln und aufzuzeigen, dass Pflanzen sehr wohl für ihre Nachkommenschaft sorgen.

Hinweise in diese Richtung finden sich zum Beispiel bei einem winzigen, weniger als drei Zentimeter großen Kaktus namens *Mammillaria hernandezii*, der in einem semiariden Gebiet in Mexiko heimisch ist. Dort, wo er wächst, regnet es nur wenig und unregelmäßig. Um zu überleben, mussten sich Pflanzen solcher Habitate den häufig auftretenden Dürreperioden anpassen. Das Besondere an unserem kleinen Kaktus ist nun, dass er die produzierten Samen nicht sofort verbreitet, sondern bei sich behält und sukzessive erst dann freisetzt, wenn die Umweltbedingungen für die Keimung optimal sind. Auf diese Weise behütet, durchleben die Samen gemeinsam mit der Mutterpflanze die Zyklen von Regen und Trockenheit und lernen dabei, mit den Unwägbarkeiten ihres künftigen Lebensraums umzugehen[10]. Die Pflanze betreut also eindeutig ihren Nachwuchs, aber um echte elterliche Fürsorge handelt es sich noch nicht. Diese offenbarte sich erst, nachdem ein weiteres botanisches Rätsel gelöst worden war, nämlich die Frage, wie es den frisch gekeimten Setzlingen von Waldbäumen gelingt, so lange zu überleben, bis sie selbstständig geworden sind. Wälder sind im wahrsten Sinne des Wortes düstere Orte – besonders auf den untersten Ebenen, wo es den Baumkeimlingen lange Zeit an Licht mangelt. Welcher Mechanismus erlaubt es ihnen, so weit in die Höhe zu wachsen, bis die Lichtmenge ausreicht, um Photosynthese zu betreiben? Die Antwort wurde erst vor einigen Jahren gefunden. In einem Wald sind die meisten Pflanzen durch ein unterirdisches Netzwerk aus Wurzeln und Pilzen verbunden, die in Symbiose miteinander leben. Über dieses Netzwerk kümmern sich die erwachsenen Pflanzen eines Clans um die Nachkommen, indem sie die Kleinsten mit dem Zucker versorgen, den sie für ihr Überleben benötigen.[11] Elterliche Fürsorge findet sich also nicht nur bei Tieren. Und sie ist im Pflanzenreich weiter verbreitet, als man meinen möchte.

Doch kommen wir auf die Seychellenpalme zurück. Könnte elterliche Fürsorge auch eine Erklärung für die ungewöhnliche Größe ihrer Samen sein? Eine brillante Studie aus dem Jahr 2015 konnte diese Frage beantworten.[12] Wir wissen nun, warum die Samen von *Lodoicea maldivica* so groß sind.

Beginnen wir damit, dass der Untergrund, auf dem die Palme wächst, extrem nährstoffarm ist. Phosphor und Stickstoff, zwei Schlüsselelemente für das Pflanzenwachstum, sind im Inselboden nur in sehr begrenztem Umfang vorhanden. Als Reaktion darauf hat die Palme eine ganz erstaunliche, im gesamten Pflanzenreich einmalige Lösung gefunden, um die Überlebenschancen ihrer Nachkommen zu erhöhen. Die Seychellenpalme hat mit ihren Blättern ein System aus Trichtern und Drainagekanälen entwickelt, mit denen sie ihren Nachkommen Wasser und Nährstoffe zuführt.

Denn sobald Regen auf die Blätter fällt, wird er durch die Trichter und Kanäle auf den Boden um den Stamm herum geleitet. Dabei nimmt das Wasser alles mit, was sich auf den Blättern angesammelt hat, seien es nun tierische Fäkalien, Pollen oder abgestorbenes Pflanzenmaterial. Auf diese Weise wird der Boden in unmittelbarer Umgebung der Pflanze mit Phosphaten und Nitraten angereichert, weshalb das Überleben der eigenen Nachkommen am ehesten dann gesichert ist, wenn die Samen so nah wie möglich an der Mutterpflanze zu Boden fallen. Was hier geschieht, ist also das genaue Gegenteil der üblichen pflanzlichen Verbreitungsstrategien.

Die Vorfahren von *Lodoicea maldivica* verbreiteten sich wahrscheinlich mithilfe von Tieren. Als sich die heutigen Seychellen vor etwa 65 Millionen Jahren jedoch von Indien trennten, fehlten der Palme die Überträger, sodass ihre Samen dort liegen blieben, wo sie hingefallen waren. Das zwang die Setzlinge, sich an das Wachstum im Schatten ihrer Eltern anzupassen. Auf diese Weise entstanden sehr dichte Wälder, in denen bald nur noch Seychellenpalmen wuchsen, da alle anderen, nicht an den Schatten angepassten Pflanzenarten aus ihnen vertrieben wurden. Der Umstand, dass die Samen stets unweit der Mutterpflanze zu Boden fielen, führte dazu, dass die Setzlinge nicht nur mit den Eltern, sondern auch mit ihren Geschwistern um Ressourcen konkurrieren mussten. Und je größer ein Samen ist, desto größer sind die darin gespeicherten Energiereserven und folglich auch die Überlebenschancen der jungen Pflanze. Das Rätsel der Megasamen ist also gelöst: Inselgigantismus und elterliche Fürsorge. Rumphius hätte es gefreut.

Zeitreisende

04

Art: Echte Dattelpalme • Domäne: Eukaryoten • Reich: Pflanzen (Plantae) Abteilung: Gefäßpflanzen (Tracheophyta) • Unterabteilung: Samenpflanzen (Spermatophyta) • Klasse: Bedecktsamer (Magnoliopsida) Ordnung: Palmenartige (Arecales) • Familie: Palmengewächse (Arecaceae) Unterfamilie: Coryphoideae • Tribus: Phoeniceae • Gattung: Kokospalmen *(Cocos)* • Wissenschaftlicher Name: *Phoenix dactylifera* • Herkunft: Nordafrika • Verbreitung: weltweit

Erstes Auftreten in Europa: Um 1000

Zeitreisende existieren – zumindest solche, die aus der Vergangenheit zu uns in die Gegenwart gelangen. Sie sind überall zu finden und so zahlreich, dass wir sie schon gar nicht mehr wahrnehmen. Wer sie sind? Natürlich die Pflanzen – wer denn sonst? Einige Arten, vor allem Bäume, haben dank ihrer extremen Langlebigkeit, mit der kein Tier sich messen kann, ganze Epochen überdauert, um bis in die heutige Zeit zu überleben. Andere wiederum verwahren ihre Keimlinge in unglaublich widerstandsfähigen Samen und ermöglichen auf diese Weise ihren Nachkommen die Reise durch Raum und Zeit.

Meister der Langlebigkeit finden sich überall im Pflanzenreich. Viele Arten können ein Alter von weit über tausend Jahren erreichen. Darunter zum Beispiel die Langlebige Kiefer *(Pinus longaeva)*, die nicht umsonst so heißt, denn in den kalifornischen White Mountains finden sich etliche Exemplare, die nachweislich mehr als 4000 Jahre alt sind. Als Rekordhalter und älteste Pflanze der Welt galt lange Zeit ein in den White Mountains wachsender *Pinus longaeva* namens Methusalem, der es auf das sagenhafte Alter von fast 4800 Jahren bringt. Sein Thron begann zu wackeln, als in den White Mountains Langlebige Kiefern entdeckt wurden, die zwar nicht das Privileg eines eigenen Namens genießen, dafür aber noch etwas älter sind. Erst kürz-

Thuia Island
Northern Sea
Tiphon
Terebinthus Glacier
Scilla Channel
15,3°
17,2°
19,1°
20,9°
21,8°
22,7°

lich ist ein Exemplar bekannt geworden, das tatsächlich schon seit über 5000 Jahren wächst und gedeiht.

Doch alle Diskussionen um den ältesten *Pinus longaeva* wurden Makulatur, als Professor Leif Kullman von der Universität Umeå 2008 in Schweden eine Gemeine Fichte *(Picea abies)* entdeckte, die es auf das unfassbare Alter von 9560 Jahren bringt. Genau genommen ist Old Tjikko, wie Kullman den Baum im Gedenken an seinen verstorbenen Hund nannte, allerdings kein einzelner alter Baum, sondern ein Klonbaum, also ein Gewächs, das sich aus seinem Wurzelgeflecht regeneriert und immer wieder einen neuen Stamm ausbildet. Seine Wurzeln jedoch sind immer dieselben geblieben und so wiederholt sich der Akt der Regeneration alle 500 bis 700 Jahre – ein Mechanismus, der Pflanzen eine beispiellose Langlebigkeit garantiert.

Old Tjikko ist in der Tat der älteste Baum der Welt. Er keimte zu der Zeit, als der Mensch begann, sich vom reinen Jäger und Sammler zum Ackerbauern zu entwickeln, und sich auf diese Weise von der Notwendigkeit befreite, einen Großteil seiner Zeit mit der Nahrungssuche verbringen zu müssen. Und während in der Folge menschliche Zivilisationen entstanden und wieder vergingen, wuchs Old Tjikko einfach still vor sich hin, regenerierte sich und lebt bis auf den heutigen Tag.

Hinzu kommen große zusammenhängende Organismen wie Pando, eine 43 Hektar umfassende Klonkolonie der Amerikanischen Zitterpappel *(Populus tremuloides)* in Utah, die aus einem einzigen, seit über 80 000 Jahren existierenden genetischen Individuum besteht. Pando ist ein praktisch unsterbliches Wesen, dessen Lebensspanne sich menschlichem Begriffsvermögen entzieht. Nur um sich klarzumachen, von welchen Zeiträumen hier die Rede ist: Vor 80 000 Jahren, als Pando entstand, war der Homo erectus noch nicht ausgestorben, in Europa lebten nur Neandertaler und bis zum Auftauchen des Homo sapiens in unseren Breiten sollten noch weitere rund 40 000 Jahre vergehen.

Doch auch jenseits solcher Extremfälle liegt die durchschnittliche Lebensdauer vieler Pflanzen deutlich höher als bei Tieren. Und die Vorstellung, dass heute noch lebende Bäume vor Jahrhunderten direkte Zeugen von bedeutenden Momenten in der Menschheitsgeschichte wurden, ist absolut faszinierend.

So ist er immer noch dort, der Baum in Grantham, Lincolnshire, von dem der Apfel fiel, der Newton zur Formulierung seiner universellen Gravitationstheorie anregte. Auch viele der Bäume in Down House, unter denen Charles Darwin einst wandelte, während er *Über die Entstehung der Arten* konzipierte, stehen bis heute. Ebenso wie die Eichen, an denen in vielen Staaten der USA Hunderte von Menschen gehängt wurden, oder die Oliven auf dem Gut Collettes in der Provence, unter denen Renoir die letzten Jahre seines Lebens verbrachte. Sogar die Olivenbäume im Garten Gethsemane, Zeugen der letzten irdischen Stunden Jesu, existieren noch.

Die Lebensdauer vieler Bäume macht sie zu wahren Zeitreisenden, die Zeugnisse aus einer weit zurückliegenden Vergangenheit bis in die heutige Zeit transportieren können und uns auf diese Weise ermöglichen, unsere eigene Geschichte zu verstehen. So konnten durch die Erforschung von Wachstumsringen einige historische Rätsel – wie etwa der abrupte Rückzug der Goldenen Horde aus Europa im Jahr 1242 – gelöst werden, als der Kontinent den Invasoren bereits hilflos ausgeliefert schien.

Mit ihren Samen verfügen die Pflanzen über einen weiteren Trumpf auf der Reise durch die Zeit. Es sind Überlebenskapseln von so schlichter Perfektion, dass sie mit übernatürlichen Fähigkeiten ausgestattet scheinen, denn sie können einen lebenden Keimling unter den denkbar widrigsten Umständen schützen – sei es im Wasser, im Eis oder im sengenden Wüstensand, bei extremer Hitze oder Kälte, mit oder ohne Luft und Nahrung. Sie gewähren den Keimlingen Zuflucht, für Jahre, Jahrzehnte, Jahrhunderte und in einigen Fällen sogar für Jahrtausende, ohne dass diese ihre Fähigkeit verlieren, zu einer neuen Pflanze heranzuwachsen, sobald die richtigen Bedingungen dafür gekommen sind. Samen transportieren das vegetative Leben so erfolgreich durch Raum und Zeit, dass ihre Abenteuer es verdienen, wie die Taten klassischer Helden besungen zu werden. Hier sind drei Geschichten über diese heroischen Zeitreisenden.

04_a.
Jan Teerlinks Samen

Jan Teerlink (1759–1832) war ein holländischer Seiden- und Teehändler. Als Sohn eines Apothekers und Enkel eines Zwischenhändlers von Gewürzen und Heilkräutern hatte er von Kindesbeinen an Pflanzen als sichere Einnahmequelle zu schätzen gelernt. Seine Tante hingegen, die berühmte Schriftstellerin und passionierte Gärtnerin Elisabeth (Betje) Wolff-Bekker (1738–1804) lehrte ihn, Pflanzen um ihrer Schönheit und Nützlichkeit willen zu lieben. Obwohl er die Leidenschaft seiner Tante teilte, hielt Jan Teerlink sein Pflanzenwissen für überschaubar und betrachtete sich in erster Linie als exzellenten Händler. Deshalb wäre ihm wohl auch niemals in den Sinn gekommen, dass man sich Jahrhunderte nach seinem Tod ausgerechnet seiner Liebe zur Botanik wegen an ihn erinnern würde. Und gewiss hätte er nicht mit den abenteuerlichen Umständen gerechnet, unter denen es dazu kam. Aber der Reihe nach.

Im Jahr 1803 unternahm Jan Teerlink als Vertreter der Niederländischen Ostindien-Kompanie eine Reise nach Kapstadt in Südafrika. Dort angekommen, besuchte er, wie es jeder echte Pflanzenfreund getan hätte, den Botanischen Garten der Stadt, um sich einen Überblick über die verschiedenen, in der Region wachsenden Arten zu verschaffen. Der im Zentrum von Kapstadt gelegene Company's Garden existiert bis heute und hat seinen Namen besagter Ostindien-Kompanie zu verdanken, die ihn im Jahr 1650 gegründet hatte.

Wie alles, was die Kompanie erschuf, diente auch der Company's Garden ursprünglich rein praktischen Zwecken, nämlich als Farm, auf der Obst und Gemüse für die Schiffsbesatzungen angebaut wurde, die das Kap umrundeten. Erst später machte man einen Park und teilweise auch eine Art botanischen Garten daraus, in dem seltene, aber auch typische Vertreter der örtlichen Flora gesammelt wurden und bestaunt werden konnten. Jan Teerlink unterhielt sich angeregt mit den Betreibern des Company's Garden und nahm von dort die Samen einiger Pflanzen mit, die aus irgendeinem Grund sein Interesse geweckt hatten. Er verwahrte – so wie er es zu Hause gelernt hatte – jede Art für sich in einer speziellen Papiertüte, die er mit dem Namen der Spezies oder, wenn dieser nicht bekannt war, mit einer kurzen Beschreibung der Herkunftspflanze beschriftete. So stand auf einigen Tüten der korrekte wissenschaftliche oder gebräuchliche Name des betreffenden Gewächses geschrieben, während andere mit Bemerkungen versehen waren wie: »mittelgroßer Strauch, dornig mit kleinen und roten Blüten«, »Samen eines Baumes mit geschwungenen Stacheln«, »unbekannte Mimose« oder gar »Samen einer Melone, gegessen von einem Wilden am Ufer des Oranje«. Die Tüten mit den auf diese Weise klassifizierten Samen verwahrte Teerlink sorgfältig in einer roten Ledertasche, die er bei sich hatte, als er nach Abschluss seiner Südafrikamission das preußische Schiff Henriette bestieg, um nach Holland zurückzukehren. Doch das Schicksal wollte es anders, denn wenige Tage nach dem Aufbruch wurde der Segler von einem englischen Freibeuter gekapert. Der Angriff erfolgte im Rahmen des gerade ausbrechenden Krieges zwischen England und Frankreich, das sich weigerte, auf die Batavische Republik[1], eine revolutionäre Tochterrepublik in den Niederlanden, zu verzichten.

Das Schiff wurde beschlagnahmt und seine Ladung aus Seide und Tee zur Kriegsbeute der englischen Seeräuber. Alle Dokumente, einschließlich der roten Ledertasche Jan Teerlinks, gingen an den High Court der Admiralität in London und gelangten schließlich in den Tower. Dort blieben sie fast 200 Jahre liegen, bis man sie vor einigen Jahrzehnten schließlich an das Nationalarchiv übergab. Und hier wäre die Tasche mit den Samentütchen vermutlich für weitere Jahrhunderte in der Versenkung verschwunden, hätte sie nicht Roelof van Gelder, ein Forscher der Königlich Niederländischen Bibliothek, im Zuge einer Katalogisierungsmaßnahme dem Vergessen entrissen.

Dazu bedurfte es jedoch einer Reihe glücklicher Umstände. So waren der holländische Name ihres Eigentümers und sein Heimatort Vlissingen in Goldlettern auf der Tasche eingeprägt, und wie es der Zufall wollte, sagten beide Namen van Gelder etwas. Also wurde die Tasche geöffnet und ihr Inhalt überprüft, wobei zwischen Handels-

Nandina
Nymphaea
Lydia
Tropaeolum City
Longifolia Passage
Wholes
95
83
62
Jasminum Cap
Quercus Bay
Mons Alba
Gordenia
Dyanthus
Port

5
8
13
21
N
E
O
S
a'
b''
c'''
Port Gazania
Cap Nepilus
Hyacinthus
Eriobothrya
Arum
Calicotome
Noliuo
135
75
60
Platanus Ocean
h
6
7
8

dokumenten auch jene 40 Tüten mit den Samen aus Südafrika ans Licht kamen. Doch was sollte man mit ihnen anfangen? Wiederum kamen die Umstände zu Hilfe, denn das Nationalarchiv befindet sich in einem hübschen Londoner Vorort namens Kew – eben jenem Kew, das jedem eingefleischten Pflanzenfreund ein Begriff ist. Denn hier, zwischen Richmond und Kew, ist mit den Royal Botanic Gardens, besser bekannt als Kew Gardens, eines der Heiligtümer der Botanik beheimatet.

Angesichts der räumlichen Nähe beider Institutionen lag es nahe, dass van Gelder sich an den Botanischen Garten wandte, um den Inhalt der Tüten von den dortigen Experten begutachten zu lassen. Dabei wurde festgestellt, dass die 40 Proben Samen von 32 verschiedenen Pflanzenarten enthielten. Keiner der Botaniker aus Kew Gardens erwartete, dass Samen aus der Zeit der Napoleonischen Kriege – die auf einem Schiff transportiert, von Piraten erbeutet und im Tower von London vergessen worden waren, um schließlich in den Depots des Nationalarchivs zu landen – noch keimen könnten. Schließlich waren sie über 200 Jahre lang Bedingungen ausgesetzt, die ihrer Lebensfähigkeit nicht zuträglich gewesen sein konnten. Dennoch beschloss man, es zu versuchen, und traf alle notwendigen Vorkehrungen, um eine optimale Entwicklung der Pflanzen zu gewährleisten. Zum Erstaunen der Forscher keimten die Samen dreier Arten, von denen zwei überlebten und zu gesunden, kräftigen Jungpflanzen heranwuchsen. Die erste Art, die keimte – und das sogar mit 16 von 25 Samen –, war ein Strauch namens *Liparia villosa*, dessen Setzlinge jedoch allesamt eingingen. Aus einer Gruppe von acht Samen, die Jan Teerlink fälschlicherweise als *Protea conocarpa* klassifiziert hatte, keimte einer und wurde zu einer gesunden Pflanze, die sich als *Leucospermum conocarpodendron* herausstellte. Einige Stecklinge davon wurden 2013 im Botanischen Garten Kirstenbosch in Kapstadt »repatriiert«. Die daraus entstandenen Pflanzen wurden zu Ehren der englischen Königin Elisabeth I., die ebenfalls eine Festsetzung im Tower zu überstehen hatte, »Prinzessin Elisabeth« genannt.

04_b.
Die Palme von Masada

Die imposante Festung Masada liegt etwa hundert Kilometer südöstlich von Jerusalem am südwestlichen Ende des Toten Meeres, an der Grenze zur Judäischen Wüste. Sie wurde auf einem Tafelberg aus Kalkstein und Dolomit errichtet und galt als uneinnehmbar. Die Anlage entstand um 35 vor Christus im Auftrag Herodes des Großen, der dort zwei königliche Paläste (einen davon auf drei Ebenen), beheizte Bäder, riesige Zisternen und Verteidigungsanlagen erbauen ließ. Die fünf Meter hohe Umfassungsmauer ist anderthalb Kilometer lang und mit zahlreichen, über 20 Meter hohen Türmen ausgestattet. Die Festung Masada steht aber nicht nur für einen Wendepunkt in der Geschichte Israels, sondern ist zugleich Ort einer wichtigen botanischen Entdeckung, die unser Wissen über Pflanzen beträchtlich erweitert hat.

Als Herodes im Jahr 4 vor Christus starb, ging die Festung in die Hände der Römer über, bis die Sikarier[2] (»Messerstecher«), eine Gruppe jüdischer Aufständischer, die gegen die römische Besatzung kämpfte, sie 66 nach Christus im Handstreich einnahmen. Unter den jüdischen Rebellen galten die Sikarier, die auch vor Repressalien gegen die jüdische Bevölkerung nicht zurückschreckten, als besonders grausam und gewalttätig. In vielen Sprachen wird ihr Name bis heute als Synonym für Mörder verwendet. Die Aufständischen ließen sich mit ihren Familien in der vermeintlich uneinnehmbaren Festung nieder und machten sie zur Operationsbasis für ihre Überfälle. Die Befestigungen waren äußerst massiv und der einzige Zugang war nur über einen sehr schmalen, Schlangenpfad[3] genannten Weg zu erreichen, der sich in Serpentinen die Felsen hinaufwand und einen Angriff nahezu unmöglich machte. Kein Wunder also, dass die Sikarier sich dort oben absolut sicher fühlten. Die Römer konnten eine offene Rebellion gegen das Reich selbstredend nicht dulden und gingen hart gegen die Aufständischen vor. Nach dem Fall Jerusalems und der Zerstörung des Zweiten Tempels im Jahr 70 nach Christus leisteten nur noch die Besetzer Masadas aktiv Widerstand gegen die römische Herrschaft.

Doch ihr Ende war absehbar. Im Grunde war das Schicksal der Sikarier bereits in dem Moment besiegelt, als sie sich in Masada verbarrikadiert hatten. Im Jahr 73 nach Christus wurde die Festung schließlich von Lucius Flavius Silva und der von ihm befehligten Legio X Fretensis (10. Legion) eingeschlossen. Silva ließ den Festungshügel von einer vier Kilometer langen Mauer umgeben und diese mit acht Kastellen sichern, die seinen Truppen während der langen und schwierigen Belagerung zugleich als Unterkunft dienten. Von diesen Baumaßnahmen haben sich zahlreiche Überreste erhalten. Der unverhältnismäßige Aufwand, den sie hier betrieben, zeugt noch heute von der Absicht der Römer, den Aufständischen ihre Stärke zu demonstrieren und sie zu beeindrucken.[4] So ließ Silva die Belagerungsmauer selbst dort errichten, wo die Topografie sie eigentlich überflüssig machte, etwa über Schluchten oder Spalten, die niemand jemals hätte überqueren können. All das sollte den Belagerten deutlich machen, dass keiner von ihnen dem Zorn Roms entgehen würde.

Nach einer Weile musste Silva jedoch erkennen, dass sich die Bewohner der Festung durch diese Machtdemonstration nicht zur Aufgabe bewegen ließen, und änderte seine Strategie. Die Hartnäckigkeit des jüdischen Widerstands, der sich auf die Uneinnehmbarkeit Masadas stützte, forderte den Feldherrn heraus. Allerdings basierte Roms militärische Macht nicht allein auf der Kampfkraft seiner Legionen, sondern nicht zuletzt auf den Fähigkeiten seiner Ingenieure. Bei Feldzügen wurde nicht nur gekämpft, sondern auch gebaut: Straßen, Brücken, Befestigungsmauern, Türme, Aquädukte und anderes mehr. Die Geschwindigkeit und Effizienz, mit der die Römer solche Baumaßnahmen umsetzen konnten, grenzt an ein Wunder – zumal viele ihrer Bauten auch heute noch aufrecht stehen und in Benutzung sind. Wenn es also keinen für den Angriff geeigneten Weg zur Festung gab, musste man eben einen bauen.

Silva wandte sich an seine Ingenieure, deren Lösung in einer Zugangsrampe bestand. Der Bau von Rampen gehörte zum belagerungstechnischen Standardrepertoire römischer Legionen, da sie ermöglichten, Belagerungstürme und andere Maschinen direkt an erhöht liegende Verteidigungsmauern heranzuführen. Auf diese Weise hatten die Legionen Roms bereits viele Städte erobert, darunter auch Athen. Allerdings ging es in Masada nicht um die Errichtung einer normalen Rampe, denn der hier zu überwindende Höhenunterschied betrug wenigstens hundert Meter. Doch die römischen Ingenieure meisterten auch diese Herausforderung und stellten die Rampe, einen Felsvorsprung westlich der Festung als Basis nutzend, in Rekordzeit fertig. Anschließend brauchte es nicht mehr viel, um Masada zu erobern. Die Römer betraten die Festung am 15. April 73 nach Christus, fanden dort aber nur noch einen Friedhof vor. Die von Eleazar ben Jair angeführten Fanatiker hatten den Tod der Sklaverei vorgezogen und sich das Leben genommen. Nur zwei Frauen und fünf Kinder hatten versteckt in einer Wasserleitung überlebt, um davon zu berichten.

Nach der Eroberung blieb die Festung bis zu ihrer Auflassung im 5. Jahrhundert nach Christus in römischer Hand und geriet anschließend in Vergessenheit. Erst der israelische Archäologe Yigael Yadin begann von 1963 bis 1965, unterstützt von Tausenden Freiwilligen aus der ganzen Welt, mit Ausgrabungen in Masada, um die Überreste der Festung und der Belagerungsbauten freizulegen. Die Ergebnisse der Grabungen übertrafen die kühnsten Erwartungen und lenkten die Aufmerksamkeit der Welt auf die vergessene Festung, die sich in der Folge zu einem historischen Bezugspunkt für den Staat Israel und seine Streitkräfte entwickelte. Bis in die 1990er-Jahre hinein leisteten die Rekruten der israelischen Armee innerhalb der Festungsmauern ihren Treueschwur mit dem Ausruf: »Masada darf nie wieder fallen.«

Im Zuge der Grabungen kamen außer Gebäuderesten natürlich auch zahlreiche Zeugnisse ans Licht, die über den Alltag in der Festung Auskunft gaben. Die für unser Thema entscheidenden Funde gehören zu den unscheinbarsten unter den unzähligen geborgenen Objekten und waren auf den ersten Blick nur von geringem Interesse. Es geht um den Inhalt eines schlichten Tongefäßes aus der Zeit des Falles von Masada, mithin um Samen, die 1965 von den Archäo-

The Leaf Map
Matthiola
Ophrys
Viburnum Wood
Tropaeolum Village
Centranthus
Mattiola Channel
Hebe
Nigella Beach
Verbascum
Mammillaria City
Myoporum Bay
Malva Harbour
Convolvulus
Port Malope

logen aufgenommen wurden und anschließend 40 Jahre unbeachtet in einem Magazin der Bar-Ilan-Universität in Tel Aviv lagerten. Dort wären sie wohl für immer vergessen worden, hätten nicht zwei brillante israelische Wissenschaftlerinnen, Sarah Sallon und Elaine Solowey, eine Intuition gehabt.

In der Antike war Palästina für den Anbau von Dattelpalmen *(Phoenix dactylifera)* bekannt, deren Früchte sich leicht trocknen und damit haltbar machen ließen. Ihrer hohen Qualität wegen gehörten judäische Datteln zu den begehrtesten Produkten aus der Region. Ihr Kennzeichen war ein exquisiter Geschmack, aber die Früchte waren auch wegen ihrer angeblichen antibiotischen, aphrodisierenden und medizinischen Eigenschaften begehrt. Von diesen in der Antike so berühmten Palmen haben sich jedoch keine Spuren erhalten. Im Grunde weiß man noch nicht einmal genau, wann sie verschwunden sind, auch wenn es Hinweise darauf gibt, dass sie zumindest bis um das Jahr 1100 noch recht zahlreich gewesen sein müssen.

Sicher ist, dass die gesamte Landwirtschaft der Region während der Mameluckenherrschaft um das 14. Jahrhundert eine schwere Krise durchmachte. Europäische Reisende in dieser Zeit erwähnen den Anbau von Dattelpalmen nicht. Und Pierre Belon, der Judäa um das Jahr 1553 bereiste, bezweifelte sogar, dass die Region jemals die Dattelmengen habe produzieren können, von denen in den antiken Quellen die Rede ist. Die Ursachen für das Verschwinden der Dattelpalme sind unklar. Einige Forscher machen die Kreuzritter, andere die Osmanen für die Zerstörung der Plantagen verantwortlich. Wahrscheinlicher ist jedoch, dass Klimaveränderungen, von denen die Region um das Jahr 1000 heimgesucht wurde, das allmähliche Verschwinden der Kulturpflanze bewirkten. In dieser Zeit begann das Klima in der Region kälter und feuchter zu werden, eine Entwicklung, die um 1600 ihren Höhepunkt erreichte. Es folgte ein von starker Hitze und Dürren geprägtes Jahrhundert.[5] Wahrscheinlich haben also Temperaturveränderungen oder schwankende Niederschläge die pflegeintensiven Dattelkulturen mit ihrem hohen Wasserbedarf irreparabel beschädigt.

Bis zur Rückkehr der Dattelpalme dauerte es eine Weile. Erst in den 1950er-Jahren begann man sie wieder in der Region anzupflanzen, verwendete dazu jedoch moderne Sorten, die nicht an die mythische Qualität ihrer antiken Vorläufer heranreichten, die für immer verschwunden schienen. Zumindest bis Sarah Sallon, eine Forscherin im Bereich der Naturmedizin, und Elaine Solowey, eine Expertin für den Anbau von Dattelpalmen und als solche stets auf der Jagd nach alten Sorten, im Jahr 2005 auf die verrückte Idee kamen, dass vielleicht einige im Rahmen archäologischer Ausgrabungen gefundene Samen die antiken Sorten wieder zum Leben erwecken könnten.

Sie baten um drei Samen aus der Festung Masada, die inzwischen auf die Zeit zwischen 155 vor Christus und 64 nach Christus datiert worden waren. Elaine Solowey ließ sie mit warmem Wasser befeuchten, um ihre Absorptionsfähigkeit zu aktivieren, tauchte sie dann in eine Nährlösung auf Algenbasis und pflanzte sie schließlich am Tag von Tu biSchevat, dem jüdischen Neujahrsfest der Bäume, das 2005 auf den 25. Januar fiel, in sterilem Boden ein. Acht Wochen später trieb einer der drei Samen aus.[6] Das war an sich schon eine ganz erstaunliche Leistung, denn der bis dahin älteste Samen, der jemals gekeimt hatte, stammte von einer 1300 Jahre alten Lotuspflanze.[7] Mit etwas Glück stand dem Beginn eines neuen goldenen Zeitalters im Dattelanbau nun nichts mehr im Wege.

Das Problem war jedoch das Geschlecht der Pflanze. Die Dattelpalme ist nämlich eine zweihäusige Art, es gibt also männliche und weibliche Individuen. Bei einer weiblichen Pflanze wäre alles in Ordnung, sollte es sich jedoch um eine männliche handeln, würde man das Geschmacksgeheimnis der antiken Datteln nicht lüften können. Es hieß also abwarten, bis Methusalem – so hatte man die Palme inzwischen getauft – ausgewachsen war und die ersten Blüten entwickelte. Der männliche Name war offensichtlich kein gutes Omen, denn als die Pflanze im März 2012 blühte, zeigte sich, dass sie männlich war und niemals Datteln tragen würde.

Obwohl uns Methusalem das erhoffte Geschmacksvergnügen also nicht bieten kann, ist dennoch alles offen, denn Dattelsamen werden häufig bei archäologischen Ausgrabungen gefunden. Und Forscher haben bereits Keimtests mit anderen Samen aus derselben Epoche durchgeführt, die in den Magazinen von Museen und Universitäten verwahrt werden. Es braucht nur ein wenig Glück: einen weiteren keimenden Samen, der nach 2000-jähriger Zeitreise zu uns gelangt. Nur sollte es diesmal eine weibliche Pflanze sein, damit Methusalem Gesellschaft hat und wir endlich in den Genuss der Datteln kommen.

04_c.
Der Samen aus dem ewigen Eis

Wer jemals Warlam Schalamows Meisterwerk *Erzählungen aus Kolyma* gelesen hat – und ich hoffe von Herzen, dass es derer viele sind –, wird sich zumindest an zwei Dinge erinnern: nämlich dass Stalins Gulags eine Abscheulichkeit waren und dass Sibirien vor allem aus Eis und Schnee besteht. Jeder, der diese Geschichten gelesen hat, wird Kolyma für immer mit Frost verbinden.

In der Stalinzeit befand sich hier einer der schrecklichsten Gulags der ganzen Sowjetunion. Es war ein Arbeitslager, in dem die Lebensbedingungen so entsetzlich waren, dass zwischen den 1930er- und 1950er-Jahren schätzungsweise 500 000 bis eine Million Menschen hier ihr Leben ließen.[8]

Die nach dem gleichnamigen Fluss benannte Region Kolyma ist einer der kältesten Landstriche der Welt. Er liegt im russischen Föderationskreis Ferner Osten, genauer gesagt im äußersten Nordosten Sibiriens. Dort grenzt er im Norden an die Ostsibirische See, ein seichtes Randmeer des Arktischen Ozeans, und im Süden an das Ochotskische Meer. In den Wintermonaten liegen die Durchschnittstemperaturen in diesem Gebiet zwischen minus 19 und minus 38 Grad, können im Landesinneren aber noch deutlich tiefer sinken. Nach Aussage Schalamows konnten erfahrene Gulag-Häftlinge die Temperatur auf folgende Weise einschätzen: »… wenn Frostnebel herrscht, dann sind es draußen minus 40 Grad; wenn die Luft beim Atmen mit Geräusch ausfährt, doch das Atmen noch nicht schwer wird, sind es 45; wenn das Atmen ein Geräusch macht und Kurzatmigkeit dazukommt, sind es 50 Grad. Bei über 55 Grad – gefriert die Spucke in der Luft.«[9]

Kälte ist das Hauptmerkmal Kolymas. Es ist eine Kälte, die tötet, aber organisches Material auch vor dem Zerfall bewahrt. Tatsächlich können die sibirischen Permafrostböden ab einer bestimmten Tiefe seit Zehntausenden von Jahren kontinuierlich gefroren sein. Und die Chance, darin Überreste prähistorischer Flora und Fauna mit noch lebensfähigen Zellen zu finden, ist größer, als man meinen möchte.

Auf der Nordhalbkugel gehören 22,8 Millionen Quadratkilometer, also etwa 15 Prozent der Landfläche zur Permafrostzone, die in Gebieten wie Kolyma leicht eine Mächtigkeit von mehreren Hundert Metern erreichen kann. Es verwundert also nicht, dass sich in den vergangenen Jahren eine zunehmende Zahl von Wissenschaftlern der Erforschung dieser Regionen und insbesondere der Suche nach Überresten ausgestorbener Tiere verschrieben hat. Und die Ergebnisse ließen nicht lange auf sich warten. Im Jahr 2010 wurde ein Wollhaarmammutkalb *(Mammuthus primigenius)* namens Yuka aus dem Permafrostboden Ostsibiriens geborgen. Es war so gut erhalten, dass erwogen wurde, die Art durch Klonen wieder zum Leben zu erwecken. An der Ujandina, einem Fluss im nordsibirischen Abyjsky ulus wurden 2015 zwei hervorragend erhaltene, nach ihrem Fundort Ujan und Dina genannte Höhlenlöwenjunge *(Panthera leo spelaea)* gefunden. Die beiden Exemplare dieser ausgestorbenen Unterart des modernen Löwen waren 12000 Jahre lang im ewigen Eis begraben gewesen. Im selben Jahr fand ein sibirischer Jäger ein Wollhaarnashornkalb *(Coelodonta antiquitatis)*, das ebenfalls ungewöhnlich gut konserviert war. Mit anderen Worten: Permafrostböden sind eine echte Fundgrube, wenn es um die Erforschung ausgestorbener Tierarten geht.

Und was ist mit den Pflanzen? Obwohl sich ausgestorbene Pflanzenarten sehr viel leichter wieder zum Leben erwecken ließen, als dies bei Tieren der Fall ist, hält sich das Interesse an den pflanzlichen

Überresten im Permafrost in Grenzen. Nur sehr wenige Forscher suchen in den Dauerfrostböden gezielt nach Samen oder Pflanzen. Obwohl von ihnen letztlich alles Leben auf diesem Planeten abhängt, stehen dennoch die Tiere im Mittelpunkt des öffentlichen Interesses. Und öffentliches Interesse bedeutet einen höheren Bekanntheitsgrad, was wiederum die Beschaffung von Forschungsgeldern erleichtert. Also werden vor allem Tiere erforscht. Ein simpler Syllogismus, der jedoch erklärt, warum sich deutlich weniger Forscher mit den Pflanzen dieser Welt beschäftigen – und das, obwohl so viele grundlegende Entdeckungen in der Wissenschaftsgeschichte von Botanikern gemacht wurden. Doch ich schweife ab.

Im Jahr 2010 machte sich eine Forschergruppe der Russischen Akademie der Wissenschaften aus Puschtschino bei Moskau zum Kolyma-Fluss auf, um in den dortigen Permafrostböden nach den Überresten vorgeschichtlicher Tiere und Pflanzen zu suchen. Sie fanden einen viel versprechenden Grabungsplatz und stießen mehrere Meter unter der Oberfläche auf eine gefrorene Bodenschicht aus dem späten Pleistozän. Während der Grabungen legten sie einen Erdhörnchenbau frei, den der Permafrost vollständig konserviert hatte. Erdhöhlen wie diese enthalten häufig eine Vielzahl interessanter Funde. Wenn man viel Glück hat, sind die ehemaligen Bewohner in ihren Höhlen verendet. Vor allem jedoch finden sich darin die Überreste tierischen Alltagslebens, also Nahrung, Kot und nicht zuletzt Pflanzenmaterial, das wertvolle Erkenntnisse zu liefern pflegt. In diesem Fall war der Bau voller Samen und Fruchtteile aus der Zeit vor 39000 Jahren.

Befunde wie dieser sind keineswegs neu – tatsächlich finden sich in den Permafrostböden recht häufig prähistorische Erdhörnchenbauten, die Hunderttausende von Samen enthalten können. Doch dieser hier war anders, denn die Samen darin zeigten auf den ersten Blick keinerlei Alterungsspuren und wirkten beinahe wie neu. Sie waren so exzellent erhalten, dass die Entdecker beschlossen, Keimversuche mit ihnen durchzuführen. Zu diesem Zeitpunkt war es gerade mal gelungen, 2000 Jahre alte Samen zum Keimen zu bringen – wir erinnern uns an die Dattelpalme namens Methusalem in Israel. Etwas Ähnliches nun auch von 39000 Jahre alten Samen zu erwarten, musste also jedem, der etwas davon verstand, als vollkommen absurd erscheinen. Doch der Gedanke war einfach zu faszinierend, um es nicht zumindest zu versuchen. Leider keimte keiner der Samen, aber unter dem Mikroskop war zu erkennen, dass bei vielen von ihnen bestimmte Gewebepartien oder Zellgruppen aktiviert worden waren. Schon frühere Untersuchungen hatten gezeigt, dass aus Permafrostböden geborgene Samen zwar nicht keimten, aber häufig Hinweise auf beginnendes Wachstum zeigten. Ein Ampfersamen *(Rumex)* war sogar gekeimt und hatte sich bis zum Keimblattstadium ganz normal entwickelt, hörte dann jedoch auf zu wachsen und ging ein.[10] Ein Leimkraut namens *Silene stenophylla*, eine mehrjährige Pflanze aus der Familie der *Caryophyllaceae*, hatte auf Experimente wie diese immer sehr gut angesprochen, und so beschlossen die Forscher, sich auf diese viel versprechende Art zu konzentrieren und es zudem mit einen anderen Ansatz zu versuchen. Sie wollten nicht mehr 39000 Jahre alte Samen zum Keimen bringen, sondern die gesamte Pflanze aus Plazentagewebe[11] wiedererschaffen.

Es klingt unglaublich, aber den Wissenschaftlern ist es tatsächlich gelungen, eine vollkommen gesunde *Silene stenophylla* zu züchten, die ihrerseits in der Lage ist, keimfähige Samen zu bilden. Was man mit Mammuts, Wollhaarnashörnern und Höhlenlöwen erst noch zu tun gedenkt, wurde mit einer Pflanze aus derselben Zeit also bereits gemacht. Wäre irgendein ausgestorbenes Tier aus der Zeit vor 39000 Jahren ins Leben zurückgeholt worden, die Medien überall auf der Welt hätten sich wochenlang darüber ausgelassen. Die Wiederbelebung einer kleinen unbedeutenden *Silene stenophylla* hingegen hat kaum mediale Aufmerksamkeit erregt. Dabei bieten gerade Forschungen wie diese fantastische Möglichkeiten. Nicht nur in Ostsibirien, sondern auch in Alaska, im Yukon und der gesamten Beringia[12] wurden Erdhörnchenbauten mit Samendepots in Permafrostböden aus dem Jungpleistozän gefunden. Diese Böden sind voll mit gefrorenen Samen und Früchten von Pflanzenarten, die nur darauf warten, wiederbelebt zu werden. Der Permafrost hat das genetische Erbe vieler ausgestorbener Arten bewahrt, die von unschätzbarem Wert sein können. Es hängt allein von uns ab, sie wieder zum Leben zu erwecken.

Einsiedler

05

Art: Sitka-Fichte • Domäne: Eukaryoten • Reich: Pflanzen (Plantae)
Abteilung: Gefäßpflanzen (Tracheophyta) • Unterabteilung: Samenpflanzen (Spermatophyta) • Klasse: Nacktsamer (Coniferopsida)
Ordnung: Pinales / Coniferales • Familie: Kieferngewächse (Pinaceae)
Gattung: Fichten *(Picea)* • Wissenschaftlicher Name: *Picea sitchensis*
Herkunft: Nordamerikanische Westküste

Erstes Auftreten in Europa: 19. Jahrhundert

Ihr ausgeprägter Expansionsdrang bewirkt bisweilen, dass es einige Bäume selbst an die unwirtlichsten und entlegensten Orte des Planeten verschlägt – sei dies nun durch Launen des Menschen oder der Natur. Dort sind sie, ganz allein und isoliert von anderen Vertretern ihrer Art, gezwungen, sich den schwierigsten Bedingungen zu stellen. Solche Überlebenskünstler und einsamen Eroberer gelten als Sonderfälle und sind ihres außergewöhnlichen Erfolgs wegen von besonderem Interesse für die Wissenschaft.

Der alleinstehende Baum hat es sogar zum literarischen Topos gebracht, denn er gilt als Symbol für einen Menschen, der sich gegen alle Widerstände einem unentrinnbar scheinenden Schicksal widersetzt. Wie oft in solchen Fällen, handelt es sich dabei jedoch um ein Klischee, das auf völlig falschen Annahmen beruht. Wenn man darüber nachdenkt, dürfte es weder einen alleinstehenden Baum noch irgendein anderes auf sich allein gestelltes Wesen geben. Es ist ein Widerspruch in sich, denn Leben ist nur in einer Gemeinschaft von Lebewesen, mit anderen Angehörigen der eigenen Art möglich. Es gibt kein schlimmeres Schicksal für einen lebenden Organismus, als der letzte seiner Art zu sein, der Möglichkeit beraubt, sich zu reproduzieren, und zum Aussterben verurteilt.

8
13
21
34
Isabelia
Baia d'Ailanto
Isole Ortensie
Capo Camelia
Folia Incognita
Agave
Geranium
1,1
2
3
5

Allerdings waren isolierte Bäume, vielleicht gerade wegen des inneren Widerspruchs, den sie repräsentieren, stets ein beliebtes Motiv in der Kunst und ganz besonders in der Malerei – man denke nur an das berühmte Gemälde *Einsamer Baum* von Caspar David Friedrich.

Ich kann allerdings nicht sagen, warum das 1822 entstandene und heute in der Alten Nationalgalerie in Berlin hängende Bild gerade unter diesem Titel bekannt geworden ist. Der im Vordergrund dargestellte Baum, bei dem es sich wahrscheinlich um eine Eiche handelt, ist nämlich keineswegs einsam und allein. Tatsächlich ist der einzige Isolierte auf diesem Bild ein Schäfer, der unten am Stamm des Baumes lehnt. Die Eiche selbst hingegen ist es nicht, denn gar nicht weit von ihr entfernt befinden sich weitere Bäume, und im Hintergrund ist sogar ein hübscher Hain zu erkennen. Sicher, der Baum im Vordergrund wirkt recht mitgenommen. Der Stamm ist abgebrochen, der obere Teil der Krone fehlt weitgehend und einige Äste sind abgestorben. Kurz gesagt, die Eiche musste diversen Widrigkeiten trotzen, scheint letztlich jedoch alle Prüfungen gemeistert zu haben. Und sie ist nicht allein, das hat Friedrich ihr erspart. Auch wenn es seiner Bildkomposition gewiss nicht an Melancholie mangelt, scheint der Künstler doch zu wissen, dass ein echter Einzelbaum etwas viel zu Trauriges und Seltenes ist, um es im schönen Riesengebirge, der hier dargestellten Landschaft zwischen Schlesien und Böhmen zu finden.

Echte Einzelbäume gibt es wirklich, aber es sind nicht sehr viele. Und wenn man einen entdeckt, lohnt es sich immer herauszufinden, wie er dazu geworden ist. Denn jeder Baum, der allein, ganz ohne andere seiner Art existiert, hat eine interessante Geschichte zu erzählen. Bäume, die sich an unzugänglichen Orten, vielleicht Hunderte Kilometer entfernt von ihren Artgenossen und in Klimazonen befinden, die eigentlich gar nicht für sie geeignet sind, haben es alles andere als leicht. Und doch überleben sie, dank ihrer Fähigkeit, sich auch an extremste Umweltbedingungen anzupassen. Wegen der Orte, an denen sie leben, der Legenden, die sie umranken, und der wissenschaftlichen Erkenntnisse, die wir ihnen verdanken, möchte ich hier drei dieser wirklich einsamen Bäume vorstellen, nämlich die Fichte von Campbell Island, die Akazie der Ténéré und den Baum des Lebens in Bahrain.

05_a.
Die Fichte von Campbell Island

Campbell Island, von den Maori Motu Ihupuku genannt, ist einer der entlegensten Orte der Welt. Die Insel befindet sich etwa 600 Kilometer südlich von Neuseeland inmitten der Subantarktis und ist mit ihrer Fläche von 112 Quadratkilometern etwas größer als Sylt[1]. Campbell Island liegt so weit abseits aller herkömmlichen Schifffahrtsrouten, dass sie erst 1810 von dem Walfänger Frederick Hasselborough, Kapitän der Brigg *Perseverance*, im Zuge einer Erkundung der antarktischen Gebiete Neuseelands entdeckt wurde. Namensgeber der Insel war Hasselboroughs Auftraggeber, der australische Reeder Robert Campbell. Hasselborough selbst brachte seine Entdeckung übrigens nicht viel Glück, denn er ertrank am 4. November 1810 in den Gewässern vor der Insel.

Campbell Island ist bis heute so gut wie unbewohnt. Ein mildes Klima ist in diesen Breiten nicht zu erwarten. Die Sonne scheint hier selten, durchschnittlich nur 650 Stunden im Jahr. Zum Vergleich: In Rom oder New York gibt es mehr als 2000 Sonnenstunden. Über sieben Monate im Jahr zeigt sich die Sonne weniger als eine Stunde pro Tag. Die Temperatur liegt konstant bei 7 Grad, es regnet viel, und mehr als hundert Tage pro Jahr wehen hier Winde mit Geschwindigkeiten von über 100 Stundenkilometern. Kein Wunder also, dass sich in den 250 Jahren seit ihrer Entdeckung fast niemand auf der Insel niedergelassen hat. Aufgesucht wurde Campbell Island nur von Robbenjägern, bis sie die örtlichen Bestände in der ersten Hälfte des 19. Jahrhunderts ausgerottet hatten. Außerdem wurde die Insel zum Ziel zahlreicher Expeditionen. In jüngster Zeit geriet sie im Rahmen von Antarktisforschungen in den Fokus von Klimawissenschaftlern und Meteorologen.

Auch für Pflanzen und Tiere ist Campbell Island kein angenehmer Ort. So haben Bäume unter den beschriebenen klimatischen Bedingungen normalerweise keine Überlebenschance. Tatsächlich ist die aus Moosen, Flechten, Kräutern und Sträuchern bestehende Inselvegetation typisch für die Tundra. Bäume hingegen gibt es keine – mit einer kleinen, aber bedeutenden Ausnahme. Denn einsamer Wächter über die Inselflora ist eine stattliche Sitka-Fichte *(Picea sitchensis).* Das Exemplar ist so weit weg von jedem Artgenossen, dass es offiziell als »isoliertester Baum der Welt« gilt und als solcher ins *Guinness-Buch der Rekorde* eingetragen wurde.

Aber wie hat es eine *Picea sitchensis* nach Campbell Island geschafft, über 250 Kilometer von ihren nächsten Artgenossen auf den Aucklandinseln entfernt? Verantwortlich dafür war ein exzentrischer englischer Gentleman namens Uchter John Mark Knox, fünfter Earl of Ranfurly und von 1897 bis 1904 Gouverneur Neuseelands. Da Lord Ranfurly seine Gouverneurspflichten außerordentlich ernst nahm, begab er sich Anfang des 20. Jahrhunderts auf eine Inspektionsreise durch die britischen Besitzungen der Region. Er besuchte jede einzelne der Krone unterstehende Insel, darunter natürlich auch Campbell Island. Vollkommen unproduktiv und nutzlos, wie sie war, machte die Insel jedoch keinen guten Eindruck auf ihn.

Der Umstand, dass ein auch noch so unbedeutender zu Großbritannien gehörender Landstrich keinen Beitrag zum Gedeihen des Empires leistete, muss ihm als unerträglicher Affront erschienen sein. Dem galt es umgehend abzuhelfen. Einer Eingebung folgend, entschied Lord Ranfurly, dass die Insel Holz zu produzieren habe. Er befahl, Bäume auf dem unwirtlichen Eiland zu pflanzen, damit der daraus entstehende Wald dereinst Material für den Schiffsbau liefern könne. Auf diese Weise hätte selbst dieses winzige Fleckchen die Ehre, dem Empire beim Beherrschen der Meere zu helfen. Dass bislang kein einziger Baum auf Campbell Island wuchs, war ein Detail, das den Gouverneur nicht weiter störte. Für dieses kleine Problem fänden die britischen Spezialisten schon eine Lösung. Campbell Island würde bald bewaldet sein, so hatte es Lord Ranfurly beschlossen.

Es kam wie so oft, wenn voller Begeisterung große Pläne geschmiedet werden. Die praktischen Maßnahmen, die auf die bombastische Ankündigung des Gouverneurs folgten, konnten die Insel nicht in das gewünschte Waldparadies verwandeln. Ich sehe sie regelrecht vor mir, die unglücklichen Waldarbeiter auf dem Schiffsdeck, wie sie beflissen nicken, während sie den Wünschen ihres Gebieters lauschen, der mit seinem eleganten Gehstock bald hierhin und bald dorthin zeigt, um seinen Männern zu erläutern, wo die Bäume idealerweise angepflanzt werden und welche Arten am besten geeignet sind. »Dort drüben die Hügel, die nach Osten hin abfallen, scheinen mir ideal für Tannen zu sein, das weniger steile Gelände im Westen dagegen ist besser für Fichten geeignet.«

Die Natur hatte freilich eigene Pläne. Auch die sprichwörtliche britische Effizienz konnte nicht verhindern, dass von den Hunderten auf Campbell Island gepflanzten Bäumen nach wenigen Jahren nichts mehr übrig war. Sie waren in den heftigen Eiswinden aus der Antarktis weggeweht worden, erfroren oder vertrocknet. Alle waren sie fort – außer einer einzigen unbezwingbaren *Picea sitchensis.*

Der vergleichsweise geschützte Standort des Baumes hat sicher das Seine dazu beigetragen. Aber dieses Exemplar scheint auch robuster und anpassungsfähiger gewesen zu sein als seine Gefährten, denn es widerstand den Winden, der Kälte und dem Mangel an Licht. Der Baum überlebte sogar, dass auf Campbell Island kampierende Klimaforscher ihn seiner Äste und Zweige beraubten, um Weihnachtsschmuck zu basteln. Er überstand auch jede andere Umweltsünde, die Menschen seit 1902 auf der Insel begingen, und wuchs allen Widrigkeiten zum Trotz zu einer starken Fichte heran – und das an einem der entlegensten Orte der Welt. Letzteres kann man gar nicht genug betonen, denn das isolierte Wachstum macht die *Picea sitchensis* von Campbell Island auch für die Wissenschaft so einzigartig. Ausgehend von den Forschungen an dieser einen Pflanze wurde vorgeschlagen, das neue geologische Zeitalter des Anthropozän mit dem Jahr 1965 beginnen zu lassen. Doch der Reihe nach – auf die Gefahr hin, dass ich manchem nichts Neues erzähle.

MARANTA
LEJCONERA
Bay
Citrus Limon
Rubus
Reseda Cap
Salvia Officinalis
city
Matthiola
Rosmarinus
Harbour
Lagerstroemia
Port Ezuca
MARANTA
LABURNUM

ARANTACEAE
MAHONIA
AMYGDALUS
APOCYNACEAE
SUAVOLENS
MANDEVILLA
LAVATERA
Rumex beach
Cap Lagunaria
Lantana
Aquifolium
Indica Harbour
Ligustro Trench
Robinia
35
67
16
10
12
51
157
215
325
507

Die geologische Zeitskala ist ein hierarchisches System zur Unterteilung der Erdgeschichte. Vom Jura oder der Kreidezeit werden viele schon gehört haben, denn von diesen Erdzeitaltern ist auch jenseits rein wissenschaftlicher Kontexte häufig die Rede. Andere Perioden hingegen, wie das Ordovizium oder das Silur, sind in der Regel nur Fachleuten bekannt. Die Geschichte der Erde wird von ihrer Entstehung bis in die Gegenwart in geochronologische Zeitabschnitte unterteilt, wobei *Äonen* Milliarden, *Ären* Hunderten Millionen, *Perioden* mehreren Zehn Millionen, *Epochen* Millionen und *Alter* Tausenden Jahren entsprechen. Dieser hierarchischen Abfolge entsprechend leben wir heute im Phanerozoikum, Känozoikum (Erdneuzeit), Quartär und Holozän. Es ist eine Art chronologische Adressierung, die es uns ermöglicht, das Leben auf diesem Planeten präzise nach bedeutenden Momenten zu ordnen. Ein wenig neigen wir ja alle dazu, unser Leben nach bestimmten Ereignissen einzuteilen (nach dem Schulabschluss, vor der Hochzeit, nach der Pensionierung usw.). Auf die Geologie übertragen, besteht das Problem jedoch darin, ob ein bestimmtes Ereignis 1.) wirklich einen so großen Einfluss auf die Erdgeschichte hatte, dass es zu Recht eine Perioden- oder Epochengrenze markiert, und ob es 2.) nachweisbare physische Spuren auf dem gesamten Planeten hinterlassen hat.

Einige Periodengrenzen werden durch große Ereignisse wie Massenaussterben definiert und sind deshalb unumstritten. Besonders deutlich wird dies am Übergang von der Kreidezeit zum Paläogen[2]. Im Jahr 1980 veröffentlichten der Geologe Walter Alvarez und sein Vater, der Physiker und Nobelpreisträger Luis Walter Alvarez, ihre Theorie über das Aussterben der Dinosaurier als Folge eines Asteroideneinschlags.[3] Die Idee beruhte auf einer dünnen Tonschicht in der Bottaccione-Schlucht bei Gubbio, die Walter Alvarez im Jahr zuvor entdeckt hatte. Sie datiert ans Ende der Kreidezeit und ist stark mit Iridium angereichert, einem auf der Erde seltenen, in Asteroiden hingegen häufig vorkommenden Element. Seit dieser ersten Entdeckung in Umbrien wurde die Schicht überall auf dem Planeten nachgewiesen. Der Asteroid, der vor 66 Millionen Jahren auf der Erde einschlug, hinterließ also eine unauslöschliche Spur in den Gesteinsschichten der Erde und stellt einen Lehrbuchfall für die Abgrenzung zweier geologischer Perioden voneinander dar. Oftmals ist die Periodengrenze jedoch weit weniger deutlich ausgeprägt, weil das Ende eines Zeitabschnitts nicht auf ein Einzelereignis zurückzuführen ist, sondern eine Vielzahl von Ursachen hatte. In solchen Fällen ist die Abgrenzung naturgemäß sehr viel schwieriger. Damit der Übergang von einer geologischen Periode zur nächsten von der Wissenschaftsgemeinde anerkannt werden kann, muss er zunächst von einem speziell beauftragten internationalen Gremium, der Internationalen Kommission für Stratigraphie (ICS) formalisiert werden. – Keine Sorge, wir kommen gleich auf den einsamen Baum von Campbell Island zurück, aber erlauben Sie mir zuvor noch ein paar Bemerkungen zum eingangs erwähnten Anthropozän.

Der Begriff Anthropozän (zu altgriech. *anthropos*, Mensch) wurde ursprünglich vom Biologen Eugene Stoermer geprägt und verdankt seinen Ruhm dem niederländischen Chemiker und Nobelpreisträger Paul Crutzen[4]. Nach Crutzens Definition ist das aktuelle geologische Zeitalter durch das Handeln des Menschen geprägt, der zu einem wichtigen geologischen, biologischen und klimatischen Faktor geworden ist. Die Vorstellung, dass der Mensch aktiv zur Veränderung der Umwelt beiträgt, ist allerdings nicht neu. Schon 1873 sah der italienische Priester und Geologe Antonio Stoppani im Menschen eine »neue tellurische Macht«, die es mit den Gewalten der Natur aufnehmen könne, und schlug deshalb vor, unsere Zeit als »Anthropozoische Ära« zu bezeichnen. In der Folge wurde dieser Gedanke erst vom russischen Geochemiker Wladimir Iwanowitsch Wernadski (1863–1945) und später von Pierre Teilhard de Chardin (1881–1955), einem französischen Jesuiten und Paläontologen, aufgegriffen und vertieft.

Obwohl sich die Erde seit dem Ende der letzten Kaltzeit, der Würmeiszeit vor 11 700 Jahren, offiziell im Holozän befindet, sind sich die meisten Wissenschaftler heute in der Einschätzung einig, dass die durch den Menschen verursachten Veränderungen der Umwelt es rechtfertigen, die gegenwärtige geologische Periode als Anthropozän zu bezeichnen. Beweise für diesen Umstand finden sich überall und sind nicht zu übersehen. Man muss sich nur die 2015 erschienene Studie anschauen, in der eine von Professor Will Steffen[5] geleitete Forschergruppe die Veränderungen untersucht hat, die sich seit den 1950er-Jahren an 24 globalen Indikatoren beobachten lassen. Zwölf dieser Indikatoren betreffen den Menschen und seine Aktivitäten (Energieverbrauch, Wasserverbrauch, Wirtschaftswachstum, Bevölkerungswachstum, Verkehr, Telekommunikation usw.), die übrigen hingegen (Biodiversität, Entwaldung, Kohlenstoffkreislauf usw.) die Umwelt des Planeten selbst. Das Ergebnis ist eindeutig. Seit der Nachkriegszeit hat sich der Einsatz von Düngemitteln verachtfacht, der Energieverbrauch verfünffacht und die Zahl der in Städten lebenden Menschen versiebenfacht.

Diese Vorgänge, die oftmals direkt mit der wirtschaftlichen Entwicklung zusammenhängen (weshalb sogar vorgeschlagen wurde, vom Kapitalozän zu sprechen), haben eine Reihe schwerwiegender Folgen nach sich gezogen. Dazu gehört ein so besorgniserregender Anstieg der Rate aussterbender Tier- und Pflanzenarten, dass man bereits vom sechsten globalen Massensterben der Erdgeschichte spricht,[6] woraus wiederum eine geringere biologische Vielfalt resultiert. Hinzu kommen der Klimawandel, die exponentielle Zunahme von Umweltgiften und so weiter. Es lässt sich nicht leugnen, der Mensch verändert den Planeten – nur leider nicht zum Besseren.

Aber wann wurde der Mensch zu dieser »tellurischen Macht«? Hier wird es schwierig, denn zu dieser Frage gibt es wenigstens vier verschiedene Positionen: 1.) Mit dem Beginn der Landwirtschaft vor 10 000 Jahren. Der damit einhergehende Flächenbedarf machte die Abholzung von Wäldern erforderlich. Eine weitere Folge dieser Kulturtechnik war, dass sich nun nicht mehr alle Menschen um den Nahrungserwerb kümmern mussten. Dadurch wurden Ressourcen für den technologischen Fortschritt frei, der die Menschheit schließlich auf den heutigen Stand katapultierte. 2.) Mit den großen Entdeckungsreisen zu Beginn des 16. Jahrhunderts und insbesondere der Wiederentdeckung Amerikas, die zu einer globalen Durchmischung von Pflanzen, Tieren, Gütern und Krankheiten führte.[7] 3.) Mit Beginn der industriellen Revolution in der zweiten Hälfte des 18. Jahrhunderts und dem damit einhergehenden Anstieg der CO_2-Emissionen.[8] 4.) Mit Beginn des Atomzeitalters am Ende des Zweiten Weltkriegs.

Jede dieser Grenzen hat etwas für sich, doch entscheidend ist, welche von ihnen weltweite Signaturen hinterlassen hat, so wie jene mit Iridium angereicherte Schicht, die den Übergang von der Kreidezeit zum Paläogen markiert. Und es ist gar nicht so leicht, die entsprechenden physikalischen, chemischen oder paläontologischen Hinweise auf dem Planeten zu finden.

An diesem Punkt kommen wir endlich auf die einsame Fichte von Campbell Island zurück, die in dieser Geschichte eine maßgebliche Rolle spielt. Denn laut einer im Februar 2018[9] erschienenen wissenschaftlichen Studie lieferte ausgerechnet diese spezielle *Picea sitchensis* das alles klärende Indiz. Ein Vergleich der Mengen an radioaktiven Kohlenstoffatomen (C14) in den verschiedenen Jahresringen des Baumes ergab für den Zeitraum zwischen 1950 und 1960 besonders hohe Werte, was auf die Atomtests zurückzuführen sein dürfte, die in diesen Jahren in der nördlichen Hemisphäre durchgeführt wurden. Der höchste Isotopenwert konnte den letzten Monaten des Jahres 1965 zugewiesen werden. Der Umstand, dass sich Spuren der Atomtests selbst im Holz eines Baumes finden, der gar nicht weiter entfernt von der ursprünglichen Isotopenquelle wachsen könnte, verdeutlicht, wie weltumspannend der Mensch in die Umwelt eingreift. Und da sich C-14-Atome über 50000 Jahre lang nachweisen lassen, können sie auch noch von Wissenschaftlern in ferner Zukunft gefunden werden. Mit anderen Worten: Einem isolierten Baum von einer Insel, auf die er eigentlich gar nicht gehört, verdanken wir eine synchrone globale Signatur, die den Beginn des Anthropozäns markieren könnte.

05_b.
Die Akazie der Ténéré

Die *Picea sitchensis* von Campbell Island galt nicht immer als isoliertester Baum der Welt. Bis 1973 trug ein anderer außergewöhnlicher Überlebenskünstler diesen traurigen Titel, den man ihm seines extremen Standorts wegen zu Recht verliehen hatte, nämlich eine Akazie in der Wüste Ténéré. Mitten in einer der trockensten Gegenden der Welt, deren Kennzeichen das völlige Fehlen von Vegetation ist, erhob sich diese Schirmakazie als einziger Baum im Umkreis von 400 Kilometern in einem Meer aus Sand. Über drei Jahrhunderte lang war sie ein wichtiger Orientierungspunkt für die Azalai, jene großen Salzkarawanen, mit denen die Tuareg auf ihren Dromedaren das Steinsalz aus Mali durch die Sahara ans Mittelmeer transportierten. Das Besondere an der Akazie ist – ähnlich wie bei der Fichte von Campbell Island – ihre große Entfernung von jedem anderen Baum. In diesem Fall kommt jedoch erschwerend hinzu, dass in seiner Umgebung auch keine einzige andere Pflanze wächst. An einem derart lebensfeindlichen Ort bestehen zu können, ist eine ganz erstaunliche Meisterleistung.

Die Ténéré ist eine Sandwüste im Norden des Niger und die hier vorherrschenden klimatischen Bedingungen sind die extremsten der Welt – um es noch schlimmer zu treffen, müsste man schon den Planeten wechseln. Bereits ihr Name sagt alles, denn in der Sprache der Tuareg bedeutet Ténéré *Wüste*. Wenn man sich nun noch vor Augen hält, dass sie in der südlichen Sahara liegt, die ihren Namen wiederum dem arabischen Wort für Wüste verdankt, wird deutlich, dass wir es hier mit einer der trostlosesten Gegenden der Welt zu tun haben. Die Ténéré ist eine Wüste innerhalb der Wüste, weshalb man sie auch *Wüste der Wüsten* nennt. Sie ist ein sengender Albtraum mit hyperaridem Klima und Temperaturen von nicht selten über 50 Grad. Mit durchschnittlich nur 10 bis 15 Millimeter Regen pro Jahr gehört sie zu den trockensten Regionen der Erde. Es können Jahre vergehen, ohne dass auch nur ein einziger Tropfen fällt. Kein Wunder also, dass selbst Grundwasser nur sehr schwer zu finden ist und die wenigen Brunnen teils Hunderte Kilometer auseinanderliegen. Im Gegensatz zu Campbell Island, wo die Sonne nur selten scheint, gibt es in der Ténéré über 4000 Sonnenstunden pro Jahr. Laut einer NASA-Studie ist der sonnigste Ort der Erde eine Festungsruine in Agadem, im Südosten der Ténéré. Unter solchen Bedingungen kann keine Pflanze überleben. Die Ténéré ist Wüste schlechthin, eine aus nichts als Sanddünen bestehende Ödnis, die sich über Hunderte von Kilometern erstreckt. Wer mir nicht glaubt, muss sich nur einmal die Satellitenbilder ansehen. Wie in einer derart lebensfeindlichen Umgebung ein Baum wachsen konnte, ist wirklich ein Rätsel. Die Akazie der Ténéré, bei der es sich übrigens um ein Exemplar der Art *Acacia tortilis* handelt, war dermaßen isoliert, dass sie als einziger Baum der Welt ausdrücklich auf einer Landkarte im Maßstab 1:4000000 vermerkt wurde.

Es wird vermutet, dass unsere *Acacia tortilis* die letzte Überlebende einer kleinen Akazienpopulation war, die ihre Ursprünge in einer Zeit vor etwa 6000 Jahren hatte, als die Ténéré noch etwas feuchter und pflanzenreicher war. Die Ténéré ist noch nicht sehr lange Gegenstand europäischer Erkundungen. Als erste Europäer erreichten sie 1850 die Mitglieder einer britischen Expedition unter der Leitung von James Richardson. Der nächste war ein Deutscher namens Erwin von Bary, der 1876 in etwa der Route Richardsons folgte. Als sie 1906 die Stadt Bilma besetzten, kamen schließlich auch die Franzosen in die Region. Im folgenden Jahr gelang es einer Abteilung von 2500 Meharisten[10] (auf Dromedaren reitenden Kavalleristen), die Ténéré vollständig auf der traditionellen Azalai-Route zu durchqueren. Dabei passierten sie am 13. Oktober 1907 auch die Akazie und ritzten das Datum in den Stamm.

In den Berichten über diese ersten Erkundungen wird die Akazie so oft erwähnt, dass sie in den 1930er-Jahren als wichtiger Bezugspunkt in die europäischen Militärkarten der Region Eingang fand. Sie diente als eine Art Wüstenleuchtturm, an dem man sich in der trostlosen Weite orientieren konnte. In einem Rapport von 1924 heißt es,

No way Horizon
Cap Scilla
Extreme Cap
The Unknown Country
Finis Terrae
Ice Sea
Nowhere Island
Desolate Land

Extremely Windy Mountains
ntains
Waste Land
Nothing for
Lonely tree promontory
No Harbour
No Leaves Gulf

der Baum sei fast vollständig mit Sand bedeckt. Und auch aus anderen Zeugenberichten geht hervor, dass er offenbar häufiger mit Verwehungen zu kämpfen hatte.

Eine der ersten Beschreibungen des Baumes stammt aus der Feder des französischen Offiziers Michel Lesourd vom Service central des affaires sahariennes:

> Aus Agadez kommend und in Richtung Bilma unterwegs, erreichte unser Automobilkonvoi am 21. Mai 1939 um 14:30 Uhr den Baum der Ténéré. [...] Man muss den Baum sehen, um an seine Existenz zu glauben. Was ist sein Geheimnis? Wie kann er trotz der vielen Kamele noch am Leben sein, die den Boden um ihn herum zertrampeln? Wie kommt es, dass kein Kamel seine Blätter und Knospen frisst? Warum schneiden die vielen Tuareg, die hier mit ihren Salzkarawanen vorüberkommen, nicht seine Zweige ab, um Feuer für ihren Tee zu machen? Die einzige Antwort darauf lautet, dass der Baum von den Karawanen als Tabu betrachtet wird. Es gibt eine Art Aberglaube, eine Stammessitte, die immer respektiert wird. Jedes Jahr, bevor sie die Ténéré durchqueren, versammeln sich die Azalai um den Baum. Die Akazie ist ein lebender Leuchtturm geworden, der erste oder letzte Orientierungspunkt für jede Azalai, die Agadez in Richtung Bilma verlässt oder dorthin zurückkehrt.

In Lesourds Bericht finden sich erstmals auch Hinweise auf die außergewöhnlichen Eigenschaften der Akazie, durch die sie zum Mythos wurde. Die Franzosen gruben nämlich unweit des Baumes einen Brunnen, um das Wasser zu finden, dessen die Pflanze sich bediente. Doch in 30 Metern Tiefe stießen sie auf eine Granitschicht, die sie im Gegensatz zu den Wurzeln der Akazie nicht durchdringen konnten. Später wurde festgestellt, dass ihre Wurzeln über 45 Meter tief in den Boden hinabreichten.

Im Jahr 1959 war es um den Gesundheitszustand des Baumes nicht mehr zum Besten bestellt. Henri Lhote (1903–1991), Mitglied einer geografischen Mission, schrieb dazu:

> Ich hatte diesen Baum schon einmal grün und voller Blüten gesehen, heute finde ich ihn dürr und blattlos vor. Ich erkenne ihn kaum wieder. Er hatte zwei Stämme, jetzt ist nur noch einer da. [...] Was mit dem armen Baum passiert ist? Er wurde von einem Lastwagen angefahren, der auf dem Weg nach Bilma war! Als ob es nicht genug Platz gäbe, um anderswo entlangzufahren! Der Tabubaum, der Baum, den kein Nomade zu berühren gewagt hätte, ist ein Opfer der Technik geworden.[11]

Dass der Baum 1959 von einem Lastwagen angefahren wurde, war wie ein Menetekel seines späteren Endes. Man muss es sich einmal überlegen: Wie groß ist die Chance, in einer Wüste wie der Ténéré, mitten im Nirgendwo von einem Lastwagen gerammt zu werden? Praktisch gleich null. Ein Baum könnte hier bis in alle Ewigkeit stehen, ohne jemals einem Fahrzeug im Weg zu sein. Ich erinnere nur an die zahllosen Bäume, die entlang der Straßen in unseren Städten wachsen. Im Laufe der Jahrzehnte fahren Millionen Autos an ihnen vorüber und wie viele Bäume werden angefahren? Nur sehr wenige. Jetzt versuchen Sie mal auszurechnen, wie hoch die Wahrscheinlichkeit ist, dass ein und derselbe Baum, zudem der einzige im Umkreis von Hunderten Kilometern, innerhalb von 15 Jahren gleich *zweimal* Opfer eines Lastwagenunfalls wird. Ich bin kein Fachmann für Wahrscheinlichkeitsrechnung, aber ich schätze, die Chance, den Lotto-Jackpot mehrmals hintereinander zu knacken, ist größer. Und doch ist genau das unserer Akazie widerfahren. Am 8. November 1973 gelang es einem betrunkenen libyschen Lastwagenfahrer den einzigen Baum weit und breit zu treffen und sein Leben zu beenden, was den einsamsten Baum der Welt wohl auch zum unglücklichsten macht.

05_c.
Der Baum des Lebens in Bahrain

Der letzte einsame Baum in dieser kleinen Aufzählung soll der *Baum des Lebens* in Bahrain *(Schadscharat al-Haya)* sein.

Bahrain ist ein winziger, östlich von Saudi-Arabien und nordwestlich von Katar gelegener Inselstaat im Persischen Golf. Der majestätische alte Baum ist eines der geheimnisvollsten und faszinierendsten Gewächse überhaupt. Er ist etwa zehn Meter hoch und steht völlig isoliert auf einem sandigen Wüstenhügel inmitten der Hauptinsel.

Obwohl er schon seit Jahrhunderten bekannt ist und sich viele Legenden um ihn ranken, gibt es nur wenige wissenschaftlich fundierte Erkenntnisse über diesen Baum, der uns so vieles lehren könnte. Seinen Namen verdankt er einem Volksglauben, wonach es sich um jenen ursprünglichen Baum des Lebens handle[12], von dem in der Genesis die Rede ist – nicht zu verwechseln mit dem weitaus berühmteren Baum der Erkenntnis, dessen Früchte so schwerwiegende Folgen für die Menschheit hatten. Da bislang keine wissenschaftliche Studie vorliegt, die sich dezidiert mit diesem Baum befasst, sind die wenigen Informationen über ihn zum Teil widersprüchlich. So gab es lange keine gesicherten Angaben darüber, welcher Art er angehört – tatsächlich wurden verschiedene genannt.

Bis vor einer Weile stieß man bei dem Versuch, sich über den Baum zu informieren, früher oder später auf eine angebliche, in Zusammenarbeit mit dem Smithsonian-Institut entstandene Studie, die sein Alter auf etwa 500 Jahre angibt. Nur konnte ich keinen Hinweis auf die Existenz einer solchen Veröffentlichung finden und beschloss vor einigen Monaten daher, mich direkt ans Smithsonian zu wenden – doch ohne Erfolg. Die Mitarbeiterin, mit der ich korrespondierte, teilte mir freundlich mit, dass sie in den Forschungsunterlagen des Museums keine Erwähnung des Baumes habe finden können. In dieser aus wissenschaftlicher Sicht so unbefriedigenden Lage bleiben also nur die Informationen, die von der bahrainischen Regierung bereitgestellt werden. Immerhin erkannte diese schon vor Jahren das

Leptospermum
Magnolia Bay
Syringa
Lupinus
Convallaria
Calendula
Dianthus Islands
Isabelia Desert
Apocynaceae
Ipomoea
Alba

touristische Potenzial des Baumes und begann mit der Durchführung einer Reihe solider Analysen.

Die Ergebnisse dieser Untersuchungen sind ebenso faszinierend wie die Geschichten, die man sich über den Baum erzählt. So scheint er bereits seit Mitte des 16. Jahrhunderts in der Wüste zu überleben, was ihn zum mit Abstand ältesten und am besten an seine Umgebung angepassten alleinstehenden Baum der Welt machen würde. Heute wissen wir auch mit Sicherheit, welcher Art der Baum des Lebens angehört. Es handelt sich um eine *Prosopis juliflora*, eine in Mexiko und Südamerika heimische Mesquite-Art. Dort wächst sie auf den salzhaltigen Böden warmer und trockener Regionen, in denen nur wenige andere Arten existieren können. Sein Überleben in der Wüste verdankt der Baum des Lebens einer unglaublich tief hinabreichenden Pfahlwurzel[13] und kleinen, doppelt paarig gefiederten Blättern, die überschüssige Wärme effektiv ableiten und zugleich den Wasserverlust minimieren. Hinzu kommen seine Fähigkeit, durch Symbiose mit stickstofffixierenden Bakterien Stickstoff zu binden, und der Umstand, dass ihm auch Wasser mit hohen Salzkonzentrationen nichts ausmacht, denn etwas anderes finden seine Wurzeln in den Tiefen des Wüstenbodens nicht vor. Mit anderen Worten, dieser Baum meistert das Leben unter Bedingungen, wie sie schwieriger für eine Pflanze kaum sein könnten.

Aber das ist noch nicht alles. Selbst eine mit extremen Bedingungen zurechtkommende Gattung wie *Prosopis* könnte nicht ohne Weiteres 500 Jahre lang mitten in der Wüste überleben. Im Jahr 2010 begannen die bahrainischen Behörden mit archäologischen Ausgrabungen in der Umgebung des Baumes. Dabei wurden die Überreste eines offenbar bis Mitte des 19. Jahrhunderts existierenden Dorfes und eines Brunnens entdeckt, der sich unweit des Baumes befand. Man hatte ihn also ganz bewusst dort gepflanzt und seine Wurzeln waren dem allmählich sinkenden Grundwasserspiegel gefolgt, bis dieser schließlich so tief lag, dass die Bewohner ihr Dorf aufgeben mussten.

Ein letztes spannendes Rätsel blieb noch zu lösen: Wie konnte eine aus Amerika stammende Art nur wenige Jahrzehnte nach Entdeckung des Kontinents in die bahrainische Wüste gelangen? Dafür verantwortlich waren wahrscheinlich die Portugiesen, die die Inseln 1521 eroberten und besetzt hielten, bis sie 1602 unter persische Kontrolle gerieten. Zuvor muss irgendein portugiesischer Botaniker die generelle Eignung von *Prosopis juliflora* für aride Regionen erkannt, einige Exemplare nach Bahrain gebracht und sie dort angepflanzt haben. Von diesen ist der Baum des Lebens der letzte Überlebende[14].

Doch welche Wechselfälle den Baum des Lebens auch nach Bahrain geführt haben mögen, er hat ganz Außergewöhnliches geleistet. Dass es diesem einsamen Abkömmling aus dem fernen Amerika gelungen ist, ein halbes Jahrtausend in einer so lebensfeindlichen Umgebung zu wachsen und zu gedeihen, macht ihn zu einem lebenden Symbol für die Anpassungsfähigkeit der Pflanzen, die offenbar stets in der Lage sind, auch die schwierigsten Überlebensfragen auf brillante Weise zu beantworten.

Anachronisten

06

Art: Avocado • Domäne: Eukaryoten • Reich: Pflanzen (Plantae) Abteilung: Gefäßpflanzen (Tracheophyta) • Unterabteilung: Samenpflanzen (Spermatophyta) • Klasse: Bedecktsamer (Magnoliopsida) Ordnung: Lorbeerartige (Laurales) • Familie: Lorbeergewächse (Lauraceae) • Gattung: Avocado *(Persea)* • Wissenschaftlicher Name: *Persea americana* • Herkunft: Zentralamerika • Verbreitung: weltweit

Erstes Auftreten in Europa: Um 1550

»Viele sind berufen, aber wenige sind auserwählt.« Dieser Matthäus-Vers (22, 14) beschreibt das Schicksal von Pflanzensamen recht treffend. Jedes Jahr werden ungeheure Mengen an Diasporen[1] produziert, von denen jedoch nur ein sehr geringer Prozentsatz überlebt. Einige Bärlappgewächse, wie etwa der Keulen-Bärlapp *(Lycopodium clavatum*, dem die Gattung ihren aus altgriech. *lykos* für »Wolf« und *pous* bzw. *podion* für »Fuß« zusammengesetzten Namen verdankt, weil seine Laubsprossen Wolfsbeinen ähneln), bringen es Jahr für Jahr auf wenigstens 30 Millionen Sporen und bleiben dennoch eine eher selten vorkommende Art. Eine Aleppo-Kiefer *(Pinus halepensis)* kann jährlich bis zu 70 000 Samen bilden, von denen vermutlich weniger als 200 keimen und kaum einer jemals zu einem Baum heranwächst. Wir haben es also mit gewaltigen Produktionsmengen zu tun, deren Erfolgsrate praktisch gegen null tendiert. Um die Überlebenschancen von Samen auch nur geringfügig zu verbessern, bedarf es daher besonderer Strategien.

Wie wir gesehen haben, können Pflanzen ihre Samen mithilfe des Wassers, der Luft und der Tiere verbreiten. Der gewählte Verbreitungsweg wirkt sich auf die Morphologie, die physiologischen Eigenschaften, die Anpassungsfähigkeit und damit letztlich auf die Überlebens-

15,0
24,6
31,6
Malvacea
Cattleya
orchidaceae
Dianthus
Lilium Harbour
Hydrocharis Beach
Centaurea
Cyanus
Bryophyta
Geranium Bay
Ailanthus Desert
Paeonia Channel
Wisteria Island
Poetaceae Sea
The Matthiola
7,5
12,3
15,8
19,1

chancen der Pflanze aus. Deshalb macht es sich die Evolution bei der Suche nach dem passenden Transportpartner nicht leicht. Sogenannte abiotische Vektoren, eine Art Transportpartner wie die Luft oder das Wasser sind – von geringen Schwankungen abgesehen – überall auf der Welt gleich und ihre Eigenschaften bleiben im Laufe der Zeit nahezu unverändert. Dass Wasser immer Wasser ist, ist eine Binsenwahrheit, und der Wind mag seine Stärke oder Richtung ändern, wird aber nie ganz verschwinden. Diese Verlässlichkeit ist der Grund, weshalb Luft und Wasser von so vielen Pflanzen als Transportpartner genutzt werden. Sie wiegt die im Vergleich zu tierischen Partnern deutlich geringere Effizienz bei der Ausbreitung von Samen allemal auf. Außerdem sind Luft und Wasser ausgesprochen wirtschaftliche Transportmittel. Pflanzen, die einen dieser Verbreitungswege wählen, müssen keine aufwendigen Früchte ausbilden, wie sie als Gegenleistung für die Inanspruchnahme tierischer Transportdienste in der Regel notwendig sind – und das ist keine Kleinigkeit. Außerdem sind Wind und Wasser sichere Transportmittel, was ein überaus wichtiger Aspekt ist, denn man vertraut ihnen schließlich seine Nachkommenschaft an. An jedem Ort und zu jeder Zeit stehen Luft oder Wasser zur Verfügung, um den Transport der Samen zu übernehmen.

Lässt eine Pflanze ihre Samen hingegen von Tieren transportieren, sieht die Sache anders aus. Dann erhöht sich zwar die Verbreitungseffizienz, doch im Gegenzug nimmt die Verbreitungssicherheit ab. Es ist ungefähr so, als stünde man vor der Wahl, seine Ersparnisse in eine sichere, aber unrentable, oder in eine riskante, aber gewinnversprechende Anlage zu investieren. Zwischen diesen beiden Extremen gibt es natürlich zahllose Abstufungen mit unterschiedlichen Risiken und Gewinnmöglichkeiten. Auf jeden Fall ist Umsicht gefordert. In der Pflanzenwelt entscheiden sich einige Arten für Sicherheit, andere hingegen für einen höchstmöglichen Ertrag. Viele sind jedoch so klug, ihre Investitionen zu streuen und gleich auf mehrere alternative Verbreitungssysteme zu setzen.

Dennoch bleibt natürlich stets ein Restrisiko, wenn man seine Nachkommen einem Transportpartner anvertraut, weshalb sich einige besonders pfiffige Pflanzen entschieden haben, die Angelegenheit lieber selbst in die Hand zu nehmen und eigene Ausbreitungsmechanismen zu entwickeln. Zu den originellsten und innovativsten Methoden, die dabei herauskamen, gehört zweifellos die Samenverbreitung mittels Explosionen – ein Kunststück, das man im friedfertigen und scheinbar so reglosen Reich der Pflanzen nicht unbedingt erwarten würde. Es gibt nicht viele Arten, die das Schicksal ihrer Nachkommen dieser Methode anvertrauen, aber die wenigen, die es tun, lassen buchstäblich von sich hören.

Im Amazonasgebiet und anderen tropischen Regionen Lateinamerikas wächst der beeindruckende Sandbüchsenbaum *(Hura crepitans)*, dessen markanteste Eigenschaft ihm im Volksmund auch die Bezeichnung Dynamitbaum eingebracht hat. Dank ihrer mit einem Knall detonierenden Früchte[2] kann diese explosivste aller Pflanzen ihre Samen mit einer Anfangsgeschwindigkeit von 250 Stundenkilometern über 40 Meter weit schleudern. Diese Explosionen können so heftig sein, dass sich Forscher beim Einsammeln der Samen hinter Schutzschirmen verbergen müssen. Gehört haben werden viele schon von der auch in Europa heimischen Spritzgurke *(Ecballium elaterium)*, die ihren Gattungsnamen dem altgriechischen Verb *ekbállo* – »hinausschleudern« – verdankt. Die zu den Kürbisgewächsen gehörende Pflanze kann den zähflüssigen Inhalt ihrer samenreichen Früchte mittels eines seltenen, Saftdruckstreuer genannten Mechanismus bis zu zwölf Meter weit verspritzen. Auch die Hülsenfrüchte der verschiedenen Arten des Blauregens *(Wisteria)* explodieren regelrecht, sobald sie reif sind, und verteilen ihre Samen auf diese Weise bis in eine beachtliche Entfernung. Explosive Pflanzenarten sind also zahlreicher und weiter verbreitet, als man zunächst meinen möchte.

Andere Pflanzen verbreiten ihre Samen gewissermaßen auf gegenteilige Weise, also nicht mittels Explosionen durch die Luft, sondern indem sie ihre Nachkommenschaft gleich unter der Erde (geokarp) heranwachsen lassen. Die bekannteste von ihnen ist zweifellos die Erdnuss *(Arachis hypogaea)*, die ihre Früchte unterirdisch reifen lässt und den Samen auf diese Weise beste Keimbedingungen bietet.

7,3
7,4
0,9
Seeds Dock
Granatum city
Punica Beach
Poaceae
11
25
Myrtus
Malobe
7
Leaves
Cucumis Cap
Port Cucurbitacea
8
Mammillaria
Green Island
Myoporum River
Azedarach
27
Melia
a
b
c
d
3,7
4,2
4,7
9

11
51
5,17
91
Oak harbour
Port Solanum
Anagroides
Laburnum Bay
Sea
87
53
11
15
17,5
a
b
c

Auch Pflanzen, die sich auf Tiere als Transportpartner verlassen, können das Verbreitungsrisiko variieren. Einige Arten etwa bauen keine speziellen Beziehungen zu bestimmten Tierarten auf, sondern vertrauen ihre Samen ganz wahllos jedem vorüberkommenden Tier an. Dies ist etwa bei den sogenannten Anhaftern (Epizoochorie) der Fall, die Klettvorrichtungen (Kletthafter) oder klebrige Sekrete (Klebhafter) verwenden, um an Tieren haften zu bleiben und sich von ihnen in die Welt hinaustragen zu lassen. Diese Ausbreitungsmechanismen funktionieren allerdings nur bei Tieren, die ein Fell besitzen, aber das ist auch schon die einzige Voraussetzung, die sie erfüllen müssen. Und es gibt wahrlich genügend behaarte Tiere, die den Transport übernehmen können. Andere Pflanzen verlassen sich lieber auf Vögel. Auch in diesem Fall handelt es sich in der Regel nicht um Exklusivbeziehungen. Im Gegenteil, jede Vogelart ist willkommen, solange es sich nur um Fruchtfresser (Frugivoren) handelt.

Manche Pflanzen bauen freilich auch Beziehungen zu ganz bestimmten oder einer begrenzten Anzahl von Tierarten auf, was sich als sehr riskante Strategie erweisen kann. Eine enge Bindung bietet zwar die besten Voraussetzungen für die Ausbreitung von Samen, aber der hohe Spezialisierungsgrad kann zum Bumerang werden. Auch wenn die Ausbreitung von Samen – im Gegensatz zur Bestäubung – offenbar nicht zu Fällen von Koevolution zwischen Pflanzen und Tieren geführt hat, sind die diesbezüglichen Beziehungen zwischen manchen Pflanzenarten und ihren tierischen Partnern bisweilen gefährlich eng. Sollte die Partnertierart also aus irgendeinem Grund verschwinden, droht der betroffenen Pflanzenart dasselbe Schicksal.

Tatsächlich ist es im Verlauf der Erdgeschichte häufiger vorgekommen, dass Pflanzen, die ihre Samen ganz bestimmten Tieren anvertraut hatten, große Schwierigkeiten mit der Verbreitung ihrer Nachkommenschaft bekamen, nachdem ihre tierischen Transportpartner ausgestorben waren. Viele dieser Pflanzen verschwanden zusammen mit den Tieren, andere überlebten mit Mühe und Not, behielten von diesen gefährlichen Beziehungen jedoch nicht selten bizarre Eigenschaften zurück, die heute keinen Sinn mehr haben. Diese vegetativen Anpassungen an Tiere, die es gar nicht mehr gibt, bezeichnet man als evolutionäre Anachronismen[3] und sie kommen häufiger vor, als man denkt. So lassen viele Arten Anpassungen erkennen, die bestimmte, heute längst verschwundene Tiere anlocken oder abwehren sollten. Erinnert sei in diesem Zusammenhang etwa an die Europäische Stechpalme *(Ilex aquifolium)*, die bis in eine Höhe von fünf Metern Blätter mit stacheligen Kanten aufweist. Diese Anpassung stammt aus einer Zeit, als es in Europa noch große Pflanzenfresser gab, die auch Blätter in dieser Höhe abweiden konnten. Die Tiere sind lange verschwunden, doch der sinnlos gewordene Verteidigungsmechanismus ist geblieben.

Anachronismen wie dieser sind zwar nutzlos, stellen aber kein Problem dar, denn sie beeinträchtigen das Leben der Pflanze in keiner Weise. Wenn sie jedoch so sensible Bereiche wie die Vermehrung betreffen, können die Folgen dramatisch sein. Große Samen etwa, einst dazu gedacht, um von längst ausgestorbenen Tieren im Ganzen gefressen zu werden, vermindern die Überlebenschancen einer Pflanzenart erheblich. Manche dieser anachronistischen Arten konnten überleben, indem sie ähnliche Beziehungen zu anderen Tieren aufbauten. Und einigen wenigen ist es sogar gelungen, sich eines weiteren, außerordentlich effizienten und weitverbreiteten Transportpartners zu bedienen, nämlich des Menschen. Diese Spezies garantiert nicht nur das Überleben der betreffenden Pflanzen, sondern auch beispiellose Ausbreitungsmöglichkeiten.

06_a.
Avocado, die Speise des Mastodons?

Pflanzen, die große, farbige und appetitlich duftende Früchte mit viel Fruchtfleisch erzeugen, tun dies nicht ohne Grund. So viel Energie in eine Verpackung zu investieren, deren einziger Zweck darin besteht, den Samen zu umhüllen, wäre sonst unsinnig. Tatsächlich erfüllen diese Früchte eine Vielzahl ganz unterschiedlicher Aufgaben. Sie dienen als Verlockung und zugleich als Belohnung für all jene Tiere, die sich von ihnen ernähren und die Samen auf diese Weise von der Mutterpflanze forttragen.

Pflanzen, die ihre Samen nicht von Tieren verbreiten lassen, bilden in der Regel nur sehr kleine, beinahe unsichtbare Früchte aus. Große Früchte sind einfach nicht notwendig, wenn die Samen vom Wind verteilt werden sollen. Im Gegenteil, Größe kann in diesem Fall sogar ein Hindernis darstellen. Pflanzen mit tierischen Transportpartnern verwenden hingegen sehr viel Energie auf die Erzeugung von Früchten. Gelingt es einer Pflanze trotz dieses Aufwands nicht, ihre Samen zu verbreiten, steckt sie definitiv in Schwierigkeiten. Häufen sich die Früchte im Umfeld einer Mutterpflanze, bedeutet dies für die meisten Samen, dass sie der Fäulnis anheimfallen und ihre Lebensfähigkeit verlieren werden. Und selbst die wenigen, die unter diesen Umständen keimen, tun das in einer schwierigen Umgebung, denn die jungen Pflanzen wachsen buchstäblich im Schatten ihrer Mutter auf. Dass sie dort nur sehr wenig Licht abbekommen, verringert ihre Überlebenschancen beträchtlich. Wenn die Früchte eines Baumes nicht gefressen werden, liegt es zumeist daran, dass die Tiere, für die sie bestimmt waren, nicht mehr existieren. Können diese Pflanzen in der neuen Überlebenssituation nicht mit unerwarteten Fähigkeiten aufwarten, sind auch sie ohne ihre tierischen Transportpartner letztlich zum Aussterben verurteilt.

In der Natur ist alles miteinander verbunden. Dessen ungeachtet, scheint der Mensch diesen simplen Grundsatz nicht zu verstehen, und das hat tief greifende Konsequenzen. Denn das Aussterben einer Art ist nicht nur ein Drama an sich, sondern hat auch unvorhersehbare Folgen für das Ökosystem, dem diese Art angehört. So war der amerikanische Kontinent bis vor etwa 13000 Jahren die Heimat zahlreicher Großtierarten, deren Vielfalt man sich heute nur noch schwer vorstellen kann. Könnten wir sie und andere, wie in den Filmen Steven Spielbergs, allesamt wieder zum Leben erwecken, wir wären überwältigt von den Riesenfaultier-, Tapir- und Pekariarten, die den Kontinent zu Urzeiten zusammen mit Riesenkamelen wie dem drei Meter hohen Titanotylopus bevölkerten. Ganz zu schweigen von Bootherium (Helm-Moschusochse), Euceraterium und Cervalces (eine Elchart), Mammut, Mastodon und Stegomastodon, Riesenbiber (Castoroides) und Hippidion (eine Pferdeart), gürteltierartigen Glyptodonten wie Glyptotherium, Doedicurus und Glyptodon oder Kolossen wie Toxodon. Hinzu kommen die Raubtiere, gigantische Fleischfresser von Löwen über Säbelzahnkatzen (Smilodon) bis hin zu Riesenvögeln wie den Teratornithiden.

Es war eine Welt, in der wir uns wie Gulliver unter den Riesen gefühlt hätten. Und doch scheint es, dass ausgerechnet der kleine Mensch für das plötzliche Aussterben dieser herrlichen Megafauna verantwortlich gewesen sein könnte,[4] denn ganz plötzlich fehlt von allen diesen Tieren jede Spur. Nur Fossilien sind von ihnen geblieben, mit deren Hilfe sich zumindest ihre Geschichte erzählen lässt. Einige Forscher glauben, dass es plötzliche Klimaveränderungen waren, die der Megafauna den Garaus gemacht haben, aber die meisten Wissenschaftler sehen in der Ankunft des Menschen in Nordamerika die Hauptursache für das plötzliche Aussterben von Tierarten, die bis dahin seit vielen Millionen Jahren auf dem Kontinent gelebt hatten.

Man schätzt, dass vor rund 13000 Jahren allein in Nordamerika 33 der Megafauna angehörende Säugetierarten, also Tiere mit einer Körpermasse von über 44 Kilogramm[5], ausgestorben sind. Durch die Jagd rottete der Mensch fast alle großen Pflanzenfresser aus, was auch den Raubtieren, die sie fraßen, die Lebensgrundlage entzog. So löste der Mensch eine Kette unaufhaltsamer Ereignisse aus, an deren Ende die Auslöschung der meisten Großtierarten stand – eine Katastrophe, unter deren Folgen auch die Pflanzen zu leiden hatten.

Wenn es um das Thema Aussterben geht, ist allerdings fast immer nur von Tieren die Rede. Pflanzen stoßen in diesem Zusammenhang wohl auch deshalb auf so geringes Interesse, weil den meisten Menschen ihre grundlegende Bedeutung für das Leben auf diesem Planeten gar nicht bewusst ist. Außerdem hinterlassen sie keine beeindruckenden Fossilien und sind sehr viel schwieriger zu untersuchen.

Um den Zeitpunkt, zu dem eine Pflanzenart ausgestorben ist, exakt zu bestimmen, bedarf es meist langwieriger und aufwendiger Analysen von ebenso winzigen wie unscheinbaren Pollenkörnern.

Obwohl sie anpassungsfähiger sind als Tiere, überlebten auch viele Pflanzenarten das Verschwinden der Megafauna nicht. Andere litten schwer unter den Folgen, konnten sich am Ende aber doch noch an die neuen Bedingungen anpassen – darunter so bekannte Arten wie der Kaki- oder der Papayabaum, aber auch weniger bekannte wie der Milchorangenbaum *(Maclura pomifera)*. Diese nach einem nordamerikanischen Indianerstamm in seinem Verbreitungsgebiet auch Osagedorn genannte Pflanze bildet kugelförmige Fruchtstände mit einem Durchmesser von bis zu 15 Zentimetern aus, die – so wird vermutet – ursprünglich den Pflanzenfressern der ausgestorbenen nordamerikanischen Megafauna als Nahrung dienten. Und so war es unvermeidlich, dass auch *Maclura pomifera* in Bedrängnis geriet, als Mammuts, Mastodonten und Riesenfaultiere ausstarben. Dass den Baum nicht sofort dasselbe Schicksal ereilte, war Wildpferden zu verdanken, die sich die Früchte eine Zeit lang einverleibten. Als auch diese allmählich ausstarben, retteten sein starkes Holz, seine Dornen und sein dichter Wuchs den Baum, denn die indigenen Osage verwendeten ihn für den Bogenbau und später pflanzten Farmer ihn als eine Art lebenden Zaunpfahl an den Rändern ihrer Viehweiden an. Wäre der Stacheldraht nicht erst 1873, sondern 50 Jahre früher erfunden worden, gäbe es den Osagedorn heute vielleicht nicht mehr.

Dasselbe Problem hatte die sehr viel bekanntere Avocado *(Persea americana)*, die ebenfalls um ein Haar für immer verschwunden wäre. Wer auch immer eine Avocadofrucht öffnet, wird unweigerlich den golfballgroßen Samen inmitten des Fruchtfleischs bemerken, das ihn wie eine Kostbarkeit umhüllt. Bei seinem Anblick fragt man sich unwillkürlich, wie ein solcher Samen, dessen Ausmaß jeden Rahmen sprengt, der Verbreitung seiner Art dienen kann. Welches Tier wäre dazu in der Lage, diese Frucht im Ganzen zu verschlingen, ohne den Samen zu beschädigen? Man darf nämlich nicht vergessen, dass es keineswegs genügt, die Früchte nur zu fressen, um eine Pflanzenart zu verbreiten. Entscheidend ist, dass die Samen den Verdauungstrakt des Tieres unbeschadet passieren. Um das zu erreichen, haben viele Arten – darunter auch die Avocado – einen Verteidigungsmechanismus entwickelt, bei dem giftige Substanzen freigesetzt werden, sobald es zu einer Beschädigung des Samens kommt.

Heute gibt es in Amerika jedoch keinen Pflanzenfresser mehr, der eine ganze Avocadofrucht fressen könnte. Bis vor 13000 Jahren gab es sie noch in großer Zahl, denn für Gomphotherien (elefantenartige Rüsseltiere), Glyptodonten (Riesengürteltiere) und Riesenfaultiere wie das elefantengroße Megatherium stellte das Verschlingen von Avocados eine Kleinigkeit dar. Sie alle ernährten sich von Avocadofrüchten und trugen auf diese Weise zum Fortbestand der Pflanze bei. Als ihre Haupttransportpartner in kurzer Folge ausstarben, stand die Avocado natürlich vor einem Problem, denn ihr übergroßer Samen war für den Verzehr durch kleinere Tiere schlicht nicht geeignet.

Ohne Mastodonten schien das Schicksal der Pflanze besiegelt. Aber man darf nie verzagen, denn manchmal kommt Hilfe von ganz unerwarteter Seite. Im Fall der Avocado war es ausgerechnet der Jaguar, ein Fleischfresser also, der dem Gewächs beisprang, denn ihm sagte das fette Fruchtfleisch zu. Das Tier erwies sich als passabler Transportpartner, denn mit seinen Zähnen konnte es das Fruchtfleisch vom wertvollen Samen lösen, ohne diesen zu beschädigen. Und das Maul des Jaguars, mit dem er gewöhnlich große Fleischbrocken aus seinen Beutetieren riss, erwies sich als geeignet, um auch ganze Avocadofrüchte aufzunehmen. Der Jaguar konnte natürlich nur eine Übergangslösung darstellen. Als Transportpartner war er nicht ideal, aber gut genug, um zu überleben und nach einer effizienteren Möglichkeit Ausschau zu halten. Dennoch schrumpfte das Verbreitungsgebiet der Avocado unaufhaltsam und es schien bereits, als solle sie am Ende doch noch das Schicksal der Mastodonten teilen, als unversehens der Mensch auf der Bildfläche erschien und die Pflanze für sich entdeckte.

Als die Spanier Amerika erreichten, war die Avocado schon beinahe verschwunden. Es waren ihre von den Europäern hoch geschätzten Früchte, denen die Pflanze ihre Rettung in letzter Minute verdankte. Die Avocado begann sich rasch in der ganzen Welt zu verbreiten und wächst heute auf allen Kontinenten. Im Jahr 2016 umfasste die weltweite Avocado-Anbaufläche über 550 000 Hektar. Es klingt wie eine beispiellose Erfolgsgeschichte. Das Internet ist voller Webseiten mit Titeln wie »Avocado-Toast, fünf Fehler, die man vermeiden sollte« oder – um bei der Zahl Fünf zu bleiben, die sich im Netz offenbar besonderer Beliebtheit erfreut – »Avocado-Toast, fünf Arten, ihn zu essen«. Denn die Frucht ist längst Bestandteil der internationalen Küche geworden. Tatsächlich steigt die Avocadonachfrage von Jahr zu Jahr und auch die Anbauflächen nehmen zu.

Alles in bester Ordnung also? Nicht im Mindesten. Sich mit dem Menschen einzulassen, bedeutet, einen Pakt mit dem Teufel zu schließen, den man früher oder später mit seiner Seele bezahlt. Genau das ist der Avocado widerfahren und der Grund dafür ist – wie könnte es anders sein – der riesige Samen, die Quelle all ihres Unglücks.

Dieselben Menschen, die es bis vor gar nicht allzu langer Zeit noch mit Säbelzahntigern aufnahmen, empfinden mittlerweile nämlich sogar das Vorhandensein von Samen in Früchten als unerträgliche Belästigung. Was machen diese Dinger auch mitten in unserem Essen? Sie stören doch nur. Um den Ansprüchen eines pervertierten Marktes gerecht zu werden, muss daher nun auch die Avocado – wie zuvor schon Bananen, Trauben, Tomaten, Zitrusfrüchte und andere vom Menschen domestizierte Arten – kernlos werden.

Beraubt man eine Pflanze jedoch der Möglichkeit, ihre eigenen Samen zu produzieren, degradiert man sie vom Lebewesen zum bloßen Produktionsmittel in den Händen einer Lebensmittelindustrie, die allein darüber entscheidet, welches Individuum sich wann, wo und wie vermehrt. Und das ist noch nicht alles. Eine kernlose Pflanze kann sich nicht mehr durch sexuelle Fortpflanzung vermehren, sondern nur noch vegetativ. Auf diese Weise werden einige wenige Individuen millionenfach reproduziert, Tochterpflanzen, die mit ihrer Mutterpflanze genetisch identisch sind. Die daraus resultierende geringere genetische Vielfalt birgt große Gefahren, denn ein einziger

Parasit oder eine einzige Krankheit kann genügen, um ganzen Populationen den Garaus zu machen. Nur ein Beispiel: 99 Prozent der weltweiten Bananenproduktion (natürlich ohne Samen) basiert auf der Sorte Cavendish. Diese genetische Gleichförmigkeit bedeutet, dass eine neu entdeckte Pilzkrankheit, für die Cavendish besonders anfällig ist, den gesamten Bananenbestand der Welt bedroht.

Der Avocado präsentierte der Teufel im Jahr 2017 die Rechnung, als eine britische Supermarktkette mit dem Vertrieb kernloser Avocados begann, die man sinnigerweise als Cocktail-Avocados bezeichnete. Die in Fünferpackungen angebotenen Früchte hatten noch einen weiteren Vorteil, denn sie konnten mit Schale gegessen werden. So weit ist es also gekommen. Unsere Kinder werden sich nicht einmal mehr vorstellen können, dass Avocados einst einen Samen in sich bargen. Schon wir wissen ja heute kaum noch, wie Bananensamen aussehen. Nun kennen Sie die traurige Geschichte eines wunderbaren Tropenbaums und seiner Früchte, die als Mastodonspeise begannen und als Cocktail-Snacks endeten. *Sic transit gloria mundi.* So vergeht der Ruhm der Welt.

06_b.
Der Dodo und der Dodobaum

Mauritius gilt allgemein als eine Art Paradies auf Erden. Auch wenn die Insel inzwischen viel von ihrer einstigen Schönheit eingebüßt hat, gibt es dort, wo die Ferienresorts noch nicht hingelangt sind, und im dünner besiedelten Süden noch immer viele herrliche Flecken. Noch zu Beginn des vergangenen Jahrhunderts erschien Mauritius Neuankömmlingen wie eine verzauberte Welt. Im 18. und 19. Jahrhundert war die Insel nicht nur für Botaniker und Naturforscher interessant, sondern auch ein Anziehungspunkt für Dichter und Schriftsteller, die viel zu ihrem Mythos beitrugen. Mark Twain etwa schrieb: »Zuerst schuf Gott Mauritius, dann das Paradies.« Charles Baudelaire verfasste sein Gedicht, »À une dame créole« unter dem Einfluss seiner Erlebnisse auf dieser Insel, wo er den Botanischen Garten von Pamplemousses (den ältesten botanischen Garten der Tropen) besucht hatte. Auch Joseph Conrad kannte die Insel gut, denn seine Tätigkeit als Schiffskommandant für die Ostindien-Kompanie hatte ihn häufig dorthin geführt. Er nannte Mauritius »eine Perle, die der Welt viel Süße spendet«.

Die unbestreitbare natürliche Schönheit der Insel macht Mauritius zum Tropenparadies schlechthin. Die Faszination, die von der Insel ausgeht, beruht nicht zuletzt auf ihrer speziellen Naturgeschichte, denn die Tiere und Pflanzen, die sie bevölkern, durchliefen über Millionen Jahre hinweg, abgeschottet von äußeren Einflüssen ihre ganz eigene Evolution. Mauritius war eine Art laufendes Experiment der Natur, denn hier konnte man der Evolution gewissermaßen bei der Arbeit zusehen. Weitgehend ungestört verlief dieses Experiment allerdings nur bis 1598, als die Holländer ihre erste Siedlung auf der Insel gründeten[6] und den Zauber mit der für Kolonisten typischen Brutalität zerstörten. Als die Europäer Mauritius erreichten, fanden sie dort eine fantastisch anmutende, weitgehend unbekannte Flora und Fauna vor. Etwa ein Drittel der Pflanzen- und Tierarten auf der Insel waren endemisch. Es handelte sich um einen in sich geschlossenen Mikrokosmos, eine Welt für sich mit eigenen Regeln, ganz anders als die Regeln der Welt, aus der die Siedler kamen. So gab es auf Mauritius zum Beispiel keine großen fleischfressenden Prädatoren. Viele Vögel hatten ihre Flugfähigkeit verloren und waren zu großen, langsamen

Bodenbewohnern geworden. Es waren friedfertige und freundliche Vögel wie der legendäre Dodo, der sogar einen Auftritt im berühmten Kinderbuch *Alice im Wunderland* hat.[7] Er war ein prächtiges, bis zu 30 Kilogramm schweres Tier aus der Ordnung der Taubenvögel *(Columbiformes)*, das die Insel in großer Zahl bevölkerte.

Nach den Berichten der ersten Besucher herrschten auf Mauritius geradezu paradiesische Zustände, denn die Tiere – allen voran der Dodo – zeigten keinerlei Scheu vor dem Menschen, der sein Vernichtungspotenzial jedoch bald genug unter Beweis stellen sollte. Von der Gründung der holländischen Siedlung bis zur Ausrottung der gesamten Dodopopulation auf Mauritius – und damit der Spezies – dauerte es nicht einmal hundert Jahre.[8] Die Ursachen für sein Aussterben sind vielfältig. Die Bejagung durch den Menschen war der vielleicht perfideste Grund, denn sie geschah weitgehend grundlos, da das Fleisch des Vogels offenbar nicht sonderlich schmackhaft war. Hinzu kam die Zerstörung seines Lebensraums zugunsten riesiger Zuckerrohrplantagen. Außerdem machten sich Schweine, Ratten und andere vom Menschen auf das empfindliche Ökosystem der Insel losgelassene Tiere über die Gelege des Dodos her. Dasselbe traurige Schicksal ereilte auch eine Vielzahl anderer Arten. Genannt seien hier nur der 70 Zentimeter große Mauritius-Papagei *(Lophopsittacus mauritianus)* und die prachtvolle Mauritius-Sattelrücken-Riesenschildkröte *(Cylindraspis inepta)*. Eine Zeichnung, die zwei niederländische Seeleute auf ihrem Panzer reitend zeigt, vermittelt noch heute einen Eindruck von der enormen Größe dieser Tiere.

Der eigenständige Weg, den die Evolution auf Mauritius beschritten hatte, führte – wie bereits erwähnt – dazu, dass im Ökosystem der Insel etwas andere Regeln galten als im Rest der Welt. So entwickelte sich hier ausgerechnet eine Geckoart, der bunte Ornament-Taggecko, zu einem wesentlichen Bestäuber endemischer Pflanzen, deren Samen von Mauritius-Riesenschildkröten, Mauritius-Papageien, tagaktiven Fledermäusen und natürlich vom Dodo verbreitet wurden. Nach dem Aussterben Letzterer standen viele Pflanzen plötzlich ohne ihre wichtigsten Transportpartner da. Zu diesen gehörte auch der auf der

Insel endemische Calvariabaum *(Sideroxylon grandiflorum*, bis vor einigen Jahren noch *Calvaria maior)*. Dieses von den Franzosen Tambalacoque genannte Gewächs sollte als Dodobaum (»Dodo Tree«) bekannt werden.

Im Jahr 1977 veröffentlichte der amerikanische Ornithologe Stanley Temple[9] in der Zeitschrift *Science* eine Untersuchung, in der er behauptete, dass es eine koevolutionäre Verbindung zwischen diesem Baum und dem Dodo gegeben habe, und löste damit eine hitzig geführte wissenschaftliche Debatte aus. Temple argumentierte, dass die Samen des Calvariabaums ihre Keimfähigkeit nur erlangen konnten, wenn sie zuvor das Verdauungssystem des Dodos passiert hatten. Die steinharte Schale der Samen sei durch die Magensteine und Säuren im Muskelmagen des Vogels abgerieben und aufgeweicht worden, sodass Wasser eindringen und die Keimung auslösen konnte. Das Verschwinden des Dodos bedeute folglich, dass auch der Baum zum Aussterben verurteilt sei. Und Temple konnte mit zwei soliden Beweisen für seine Theorie aufwarten. Der erste betraf die Anzahl der Calvariabäume. Laut Temple gab es 1977 nur noch 13 Exemplare auf der Insel und jeder von ihnen sei über 300 Jahre alt. Sie mussten als die letzten ihrer Art noch gekeimt sein, bevor der Dodo Ende des 17. Jahrhunderts endgültig ausgestorben war. Temples zweiter Beleg war experimenteller Natur. Er verfütterte 17 Samen des Calvariabaums an Truthühner, deren Mägen seiner Ansicht nach denen des Dodos ähneln könnten. Nachdem die Truthühner sie wieder ausgeschieden hatten, befreite er die Samen vom Kot und brachte tatsächlich drei von ihnen zum Keimen.

Die Theorie war faszinierend und schien stichhaltig. Und der Umstand, dass sie von einer so renommierten Zeitschrift wie *Science* veröffentlicht worden war, sorgte dafür, dass sie rasch in der ganzen Welt bekannt wurde. Das entstandene Interesse führte zu weiteren Forschungen, die jedoch nachwiesen, dass Temples Theorie zumindest teilweise die Grundlage fehlte. Vor allem zeigte eine gründlichere Bestandsaufnahme der Inselflora, dass es auf Mauritius weit mehr Calvariabäume gab als jene 13, von denen Temple ausgegangen war.

Außerdem waren viele von ihnen jünger als 300 Jahre, was seine Theorie auch nicht gerade stützte. Dennoch kann das Überleben des Calvariabaums heute nicht als gesichert gelten – dazu ist die Anzahl der Exemplare einfach nicht groß genug. Seit der Dodo und viele andere an der Ausbreitung seiner Samen beteiligte Fruchtfresser ausgestorben sind, ist der Calvariabaum eine gefährdete Art. Und die Zerstörung seines ursprünglichen Lebensraums durch Zuckerrohr- und Kokosplantagen tut ein Übriges.

Das Überleben von Arten ist ganz generell eine heikle Angelegenheit. Gerade durch den Menschen verursachte Umweltveränderungen haben sich in der Vergangenheit für viele Lebewesen als schädlich erwiesen, und wie es aussieht, wird sich dieser Trend in den kommenden Jahren eher noch verstärken. Mehr noch als Pflanzen, die insgesamt anpassungsfähiger sind, scheinen neuesten Untersuchungen zufolge Tiere empfindlich auf diese Vorgänge zu reagieren.[10]

Auch wenn sich seine Theorie der Koevolution von Dodo und Calvariabaum letztlich als nicht ganz richtig herausstellte, kommt Temple das unbestreitbare Verdienst zu, uns vor Augen geführt zu haben, wie wenig wir über die Auswirkungen des Aussterbens von Tierarten auf die Pflanzenwelt wissen. Seit der Veröffentlichung seines Artikels hat sich eine zunehmende Zahl von Wissenschaftlern dieses Themas angenommen, sodass der speziellen Beziehung zwischen Pflanzen und Tieren seither weit mehr Aufmerksamkeit geschenkt wird.

Ein Tier, das spezielle Beziehungen zu einer ganzen Reihe von Pflanzenarten pflegt, ist der Elefant. Viele Samen der afrikanischen Flora scheinen ihre Keimfähigkeit erst auf dem Weg durch den Verdauungstrakt des Dickhäuters zu erlangen. *Omphalocarpum elatum* etwa (»Nabelfrucht« – man muss sich die Frucht nur ansehen, um zu verstehen, warum die Pflanze so heißt) ist ein Verwandter des Calvariabaums. Sie gehören beide zur Familie der Sapotengewächse *(Sapotaceae)* und teilen auch die Prädisposition für eine besonders enge Pflanze-Tier-Verbindung. *Omphalocarpum elatum* ist eine unverwechselbare, in Zentralafrika heimische Baumart. Sie bildet große, zwei Kilogramm schwere, direkt auf dem Stamm wachsende Früchte aus.

Und als ob das nicht schon seltsam genug wäre, sind die Früchte auch noch praktisch unzerstörbar, denn sie werden durch eine extrem harte Schale geschützt, die nur Elefanten aufbrechen können. Wie die Tiere das bewerkstelligen, ist erst kürzlich dokumentiert worden. Zunächst durchbohren sie die Frucht mit einem Stoßzahn und spalten sie anschließend auf, indem sie sie gegen Boden und Baumstamm pressen. Es ist ein komplexer Vorgang, zu dem kein anderes Tier in der Lage wäre. Das Geräusch der zu Boden fallenden Früchte genügt, um die Elefanten auf den Plan zu rufen, die auf speziellen Trampelpfaden durch den Wald zum Ort des Festmahls eilen. Sollte der Elefant einmal aussterben, würde *Omphalocarpum elatum* seinem Schicksal folgen, ebenso wie viele andere Pflanzenarten, deren Ausbreitung vom Dickhäuter abhängt. Jede lebende Spezies ist Teil eines komplexen Beziehungsgeflechts, über das wir bislang nur sehr wenig wissen. Schon deshalb verdient es jeder Organismus, geschützt zu werden, denn das Leben ist ein viel zu seltenes Gut im Universum.

Mont Nespilus
Nardina
Ulex
Tropaeolum
Nolina

Anmerkungen

01_Anmerkungen_Pioniere, Kämpfer und Heimkehrer

1_Emilio Carlo Giuseppe Maria Salgari (1862–1911). Italienischer Schriftsteller, Verfasser von historischen Romanen und Abenteuergeschichten (Anm. A. Thomsen).

2_Der Name *Asplenium* leitet sich von *splen* (σπλήν), dem griechischen Wort für Milz ab, denn in der Antike wurden Farne als Mittel gegen Milzerkrankungen eingesetzt. Auch das aus dem Englischen entlehnte Wort *Spleen* (Fimmel, Marotte, Schrulle), das zumeist auf Exzentriker angewendet wird, und der französische, durch Charles Baudelaire (1821–1867) berühmt gewordene Begriff *splénétique* (Weltschmerz) gehen auf das griechische Wort für Milz zurück. Nach der Humoraltheorie des griechischen Arztes Hippokrates von Kos (ca. 460–ca. 370 vor Christus) wurde die von der Milz produzierte schwarze Galle für Zustände von Unruhe, Unwohlsein und Langeweile verantwortlich gemacht, Leiden, die man mit kleinen Farngewächsen zu behandeln pflegte.

3_Robert Decker und Barbara Decker: *Volcanoes*, New York: Freeman 1997.

4_Sigurdur Thorarinsson: »The Surtsey Eruption – Course of Events and the Development of the New Island«, in: *Surtsey Research Progress Report I*, 1965, S. 51–55.

5_Ein berühmter Fall ist die Insel Ferdinandea, die im Juli 1831 im Zuge unterseeischer Eruptionen vor der sizilianischen Südwestküste auftauchte. Sie erreichte einen Umfang von etwa vier Kilometern und eine maximale Höhe von 65 Metern, existierte aber nicht sehr lange. Sie bestand aus einem für Erosion besonders anfälligen vulkanischen Material und wurde bereits Ende desselben Jahres wieder von den Wellen verschlungen.

6_Halophyten sind eher selten. Tatsächlich besitzen weniger als zwei Prozent aller Pflanzen diese Fähigkeit.

7_Jonathan D. Sauer: *Plant Migration. The Dynamics of Geographic Patterning in Seed Plant Species*, Berkeley: University of California Press 1991.

8_Thomas D. Brock: »Primary Colonization of Surtsey, with Special Reference to the Blue-Green Algae«, in: *Oikos 24*, 1973, S. 239–243.

9_Sturla Fridriksson und Haraldur Sigurdsson: »Dispersal of Seed by Snow Buntings to Surtsey in 1967«, in: *Surtsey Research Progress Report IV*, 1968, S. 43–49.

10_Sturla Fridriksson: »Plant Colonization of a Volcanic Island, Surtsey, Iceland«, in: *Arctic and Alpine Research 19*, 4, 1987, S. 425–431.

11_Diesen Radioaufruf hörte die Bevölkerung von Pripjat am Tag der Evakuierung: »Achtung, Achtung! Achtung, Achtung! Achtung, Achtung! Achtung, Achtung!

Der Stadtrat der Volksabgeordneten informiert, dass infolge des Unfalls im Kernkraftwerk Tschernobyl in der Stadt Pripjat hohe gesundheitsschädliche radioaktive Strahlungswerte aufgetreten sind.

Die Kommunistische Partei, die Behörden und die Armee haben deshalb die notwendigen Maßnahmen ergriffen. Um die vollständige Sicherheit der Menschen und besonders der Kinder zu gewährleisten, ist es jedoch notwendig, die Einwohner der Stadt vorübergehend in andere Orte der Oblast Kiew zu evakuieren. Zu diesem Zweck werden heute, am 27. April, ab 14 Uhr, unter der Aufsicht von Polizisten und Vertretern des Stadtexekutivausschusses stehende Autobusse zur Verfügung gestellt. Es wird empfohlen, Dokumente, unbedingt notwendige persönliche Gegenstände und Nahrungsmittel mitzunehmen.

Die Leiter von Betrieben und öffentlichen Einrichtungen bleiben vor Ort, um den normalen Betrieb der Stadtverwaltung sicherzustellen. Während der Evakuierungsperiode werden alle Häuser von der Polizei überwacht.

Genossen, wenn ihr eure Häuser vorübergehend verlasst, vergesst bitte nicht, die Fenster zu schließen, alle elektrischen und gasbetriebenen Geräte auszuschalten und die Wasserhähne zuzudrehen. Bitte bleibt ruhig, organisiert, diszipliniert und haltet euch an die Regeln der vorübergehenden Evakuierung.«

12_Katarina Klubicová, Maksym Danchenko, Ludovit Skultety, Ján A. Miernyk, Namik M. Rashydov, Valentyna V. Berezhna, Anna Pret'ová und Martin Hajduch: »Proteomics Analysis of Flax Grown in Chernobyl Area Suggests Limited Effect of Contaminated Environment on Seed Proteome«, in: *Environmental Science & Technology 44*, 18, 2010, S. 6940–6946.

13_Dharmendra Kumar Gupta und Clemens Walther (Hg.): *Radionuclide Contamination and Remediation Through Plants*, Berlin/Heidelberg: Springer 2014.

14_Das LINV ist ein internationales Laboratorium, das ich 2005 ins Leben gerufen habe. Wer Näheres darüber erfahren möchte, kann sich unter www.linv.org darüber informieren.

15_Der Begriff setzt sich aus *hibaku*, wörtlich für »Bombardiertwerden«, und *jumoku* für »Bäume« zusammen.

16_Der *Bentō* ist ein verschließbares Kästchen, das traditionell aus Holz gefertigt ist und eine vollständige Mahlzeit enthält, um sie zu Hause oder im Freien zu verzehren. Es handelt sich um einen typischen japanischen Alltagsgegenstand.

17_Das italienische *reduce* (dt. Heimkehrer) bezeichnet jemanden, der eine lange Krankheit, einen Krieg oder auch einen Gefängnisaufenthalt überstanden hat und gewissermaßen ins Leben zurückkehrt (Anm. A. Thomsen).

02_Anmerkungen_Flüchtlinge und Eroberer

1_Bruce F. Benz: »Archaeological Evidence of Teosinte Domestication from Guilá Naquitz, Oaxaca«, in: *Proceedings of the National Academy of Sciences 98*, 2001, S. 2104–2106.

2_Nicholas Culpeper: *The English Physician, or, An Astrologo-Physical Discourse of the Vulgar Herbs of this Nation*, London: Printed for the Benefit of the Commonwealth of England, 1652.

3_Cynthia S. Kolar und David M. Lodge: »Progress in Invasion Biology: Predicting Invaders«, in: *Trends in Ecology & Evolution 16*, 4, 2001, S. 199–204.

4_Diese Fähigkeit bezeichnet man als »phänotypische Plastizität«.

5_So geht es aus »The Plant List« (http://www.theplantlist.org) hervor, einer Website, die von zwei der wichtigsten botanischen Institutionen der Welt, nämlich den Royal Botanic Gardens, Kew, und dem Missouri Botanical Garden betrieben wird.

6_Der *Pappus* oder auch *Haarkelch* bezeichnet die zu Haaren oder Borsten umgebildeten Kelchblätter bei Korbblütlern. Er dient der Verbreitung von Samen mithilfe des Windes.

7_*Squalidus* kann zwar *schmutzig* oder *ungepflegt* bedeuten, aber auch *rau*, *trocken* oder *unwirtlich*, spielt vermutlich also auf den Standort der Pflanze an (Anm. A. Thomsen).

8_Stephen A. Harris: »Introduction of Oxford Ragwort, ›Senecio squalidus L. (Asteraceae)‹, to the United Kingdom«, in: *Watsonia 24*, 2002, S. 31–43.

9_Nachdem 1795 der Botanische Garten von Palermo gegründet worden war, wurden über 2000 Pflanzen aus Misilmeri dorthin verbracht.

10_Eine *rubrum* genannte Variante von *Pennisetum setaceum* hat mit dem *Award of Garden Merit* den begehrtesten, seit 1922 verliehenen Preis für Zierpflanzen im Vereinigten Königreich gewonnen. Vor der Preisverleihung werden die konkurrierenden Pflanzen für ein bis zwei Jahre den klimatischen Bedingungen Großbritanniens ausgesetzt. Die Testberichte sind als Broschüren und auf der Website des Awards verfügbar. Die Auszeichnungen werden jährlich überprüft, für den Fall, dass die prämierten Pflanzen aus irgendeinem Grund nicht mehr erhältlich sind oder durch bessere Sorten ersetzt wurden.

11_Salvatore Pasta, Emilio Badalamenti und Tommaso La Mantia: »Tempi e modi di un'invasione incontrastata: ›Pennisetum setaceum (Forssk.) Chiov. (Poaceae)‹ in Sicilia«, in: *Naturalista siciliano IV*, XXXIV, 3–4, 2010, S. 487–525.

12_ISSG Datenbank auf: www.invasivespecies.net.

13_Pia Parolin, Stephanie Bartel und Barbara Rudolph: »The Beautiful Water Hyacinth ›Eichhornia crassipes‹ and the Role of Botanic Gardens in the Spread of an Aggressive Invader«, in: *Bollettino dei Musei e degli Istituti Biologici dell'Università di Genova* 72, 2010, S. 56–66.

14_Legendärer Spion, bekannt als der »Schwarze Panther«. Während des Burenkriegs hatte er den Auftrag, Burnham zu töten. Er wurde 1942 verhaftet, weil er für das Dritte Reich spioniert hatte.

15_Jon Mooallem: »American Hippopotamus«, in: *Atavist magazine 32*, 2013, https://magazine.atavist.com/american-hippopotamus.

03_Anmerkungen_Mutige Kapitäne

1_Charles Darwin: »On the Action of Sea-Water on the Germination of Seeds«, in: *Botanical Journal of the Linnean Society 1*, 1856, S. 130–140.

2_So verpflichtete das religiöse Gebot einer indischen Sekte ihre Mitglieder dazu, auf jedem im Pazifik neu entdeckten Eiland Kokospalmen zu pflanzen, um auf diese Weise das Überleben aller Reisenden zu sichern. Erwähnt wird diese Geschichte von Emilio Chiovenda in seinem grundlegenden, in zwei

Teilen erschienenen Beitrag über die Kokospalme: »La culla del cocco«, in: *Webbia 1*, 1921, S. 199–294, und *Webbia 2*, 1923, S. 359–449.

3_Tribus aus der Familie der *Arecaceae*, die mehrere Arten, darunter die Kokospalme *(Cocos nucifera)* umfasst.

4_Jonathan S. Friedlaender et al.: »The Genetic Structure of Pacific Islanders«, in: *PLoS Genetics 4*, 1, 2008.

5_Pablo Muñoz-Rodríguez et al.: »Reconciling Conflicting Phylogenies in the Origin of Sweet Potato and Dispersal to Polynesia«, in: *Current Biology 28*, 2018, S. 1246–1256.

6_Als endemisch bezeichnet man in der Biologie das ausschließliche Vorkommen von Pflanzen oder Tieren in einem eng begrenzten Gebiet.

7_Aus dem frz. *callipyge*, griech. *kallipygos* aus *kallos* und *pyge*; vgl. Aphrodite *Kallipygos*. Vermutlich geht der Name auf die Geschichte zweier sizilianischer Mädchen aus Syrakus in Buch zwölf der *Deipnosophistai* von Athenaios zurück. Sie stritten sich, welche von ihnen den schöneren Hintern habe (Anm. A. Kehl).

8_Nach *Vollmer's Mythologie aller Völker* handelt es sich um den Vogel Garuddha (Anm. A. Thomsen).

9_Robert Nieuwenhuys: *Mirror of the Indies: A History of Dutch Colonial Literature*, Amherst: University of Massachusetts Press 1982.

10_Bianca A. Santini und Carlos Martorell: »Does Retained-Seed Priming Drive the Evolution of Serotiny in Drylands? An Assessment Using the Cactus ›Mammillaria hernandezii‹«, in: *American Journal of Botany 100*, 2, 2013, S. 365–373.

11_Suzanne Simard et al.: »Resource Transfer Between Plants Through Ectomycorrhizal Fungal Networks«, in: Thomas R. Horton (Hg.): *Mycorrhizal Networks*, Dordrecht: Springer 2015, S. 133–176. – Vgl. ferner Peter Wohlleben: *Das geheime Leben der Bäume*, München: Ludwig 2015 (die letztere bibliografische Anm. A. Thomsen).

12_Peter J. Edwards et al.: »The Nutrient Economy of ›Lodoicea maldivica‹, a Monodominant Palm Producing the World's Largest Seed«, in: *New Phytologist 206*, 2015, S. 990–999.

04_Anmerkungen_Zeitreisende

1_Es handelte sich um die erste und am längsten bestehende, durch französischen Revolutionsexport entstandene Tochterrepublik, die sich in der Tat zu einem Satellitenstaat Frankreichs entwickelte.

2_Der Name leitet sich von einem kurzen thrakischen Krummdolch namens *Sica* her, der auch von den Römern benutzt wurde.

3_In Buch 7, 8, 3 seiner *Geschichte des Jüdischen Krieges* schreibt Flavius Josephus: »Den Ersteren nennt man um seiner Schmalheit und seiner vielfachen Windungen willen den Schlangenpfad. Er bricht sich nämlich an den Vorsprüngen des Abhanges, kehrt zu wiederholten Malen zu sich selbst zurück und zieht sich dann wieder ein wenig in die Länge, sodass er nur langsam dem Ziele sich nähert. Beschreitet man diesen Weg, so muss man sich stets abwechselnd mit einem Fuße fest anstemmen; denn gleitet man aus, so ist man unrettbar verloren, da zu beiden Seiten tiefe Schlünde gähnen, deren furchtbarer Anblick auch den Beherztesten zaghaft machen kann. Ist man nun auf diesem Pfade dreißig Stadien weit [ca. 5,5 km] hinaufgestiegen, so hat man den Gipfel vor sich, der indes nicht etwa in eine schlanke Spitze ausläuft, sondern oben eine breite Fläche bildet.« (Übers. v. Heinrich Clementz, Berlin 1900).

4_Gwyn Davies: »Under Siege: The Roman Field Works at Masada«, in: *Bulletin of the American Schools of Oriental Research 362*, 2011, S. 65–83.

5_Arie S. Issar: *Climate Changes During the Holocene and Their Impact on Hydrological Systems*, Cambridge: Cambridge University Press 2003.

6_Sarah Sallon, Elaine Solowey et al.: »Germination, Genetics, and Growth of an Ancient Date Seed«, in: *Science 320*, 2008, S. 1464.

7_Jane Shen-Miller et al.: »Long-Living Lotus: Germination and Soil Gamma-Irradiation of Centuries-Old Fruits, and Cultivation, Growth, and Phenotypic Abnormalities of Offspring«, in: *American Journal of Botany 89*, 2002, S. 236–247.

8_Norman Polmar: »Stalin's Slave Ships: Kolyma, the Gulag Fleet, and the Role of the West (review)«, in: *Journal of Cold War Studies 9*, 2007, S. 180–182.

9_Warlam Schalamow: *Durch den Schnee. Erzählungen aus Kolyma 1*, übers. v. Gabriele Leupold, hg. v. Franziska Thun-Hohenstein, Berlin: Matthes & Seitz 2007.

10_Svetlana G. Yashina, Stanislav V. Gubin, E. V. Shabaeva, E. F. Egorova und Stanislav V. Maksimovich: »Viability of Higher Plant Seeds of Late Pleistocene Age from Permafrost Deposits as Determined by ›in vitro‹ Culturing«, in: *Doklady Biological Sciences 383*, 2002, S. 151–154.

11_Als Plazenta wird bei Bedecktsamigen Pflanzen die Stelle bezeichnet, an der die Samenanlage am Fruchtblatt angewachsen ist. Im hier beschriebenen Fall hat man vermutlich das Plazentagewebe aus unreifen Früchten entnommen (Anm. A. Thomsen und A. Kehl).

12_*Beringia* bezeichnet das Gebiet um die Beringstraße, also die Region zwischen Ostsibirien, Alaska und Nordwestkanada, die während der Eiszeiten des Pleistozäns noch durch eine Landbrücke verbunden war.

05_Anmerkungen_Einsiedler

1_In der italienischen Originalausgabe vergleicht Mancuso Campbell Island mit der in Italien bekannteren Insel Pantelleria.

2_Älteste geochronologische Periode des Känozoikums, wurde früher mit dem darauf folgenden Neogen zum Tertiär zusammengefasst. Daher der Begriff KT-Grenze (Anm. A. Thomsen).

3_Luis W. Alvarez, Walter Alvarez, Frank Asaro und Helen V. Michel: »Extraterrestrial Cause for the Cretaceous-Tertiary Extinction«, in: *Science 208*, 1980, S. 1095–1108. Luis W. Alvarez gehörte auch zu den Wissenschaftlern an Bord des Bombers *The Great Artist*, die am 6. August 1945 die Auswirkungen des Atombombenabwurfs auf Hiroshima beobachteten.

4_Paul J. Crutzen: »Geology of Mankind«, in: *Nature 415*, 2002, S. 23.

5_Will Steffen, Wendy Broadgate, Lisa Deutsch, Owen Gaffney und Cornelia Ludwig: »The Trajectory of the Anthropocene: The Great Acceleration«, in: *The Anthropocene Review* 2, 1, 2015, S. 81–98.

6_Gerardo Ceballos, Paul R. Ehrlich und Rodolfo Dirzo: »Biological Annihilation Via the Ongoing Sixth Mass Extinction Signaled by Vertebrate Population Losses and Declines«, in: *PNAS 114*, 2017, www.doi.org/10.1073/pnas.1704949114.

7_Simon L. Lewis und Mark A. Maslin: »Defining the Anthropocene«, in: *Nature 519*, 2015, S. 171–180.

8_Paul J. Crutzen und Eugene F. Stoermer: »The ›Anthropocene‹«, in: *Global Change Newsletter 41*, 2000, S. 17–18.

9_Chris S. M. Turney et al.: »Global Peak in Atmospheric Radiocarbon Provides a Potential Definition for the Onset of the Anthropocene Epoch in 1965«, in: *Scientific Reports 8*, 2018.

10_Der Begriff *Meharist* geht auf die südarabische Region Mahra zurück, wo seit Jahrhunderten Dromedare gezüchtet werden. Das Wort »Mehari« bezeichnet im Arabischen Reitdromedare.

11_Das Zitat stammt aus seiner 1961 erschienenen *L'épopée du Ténéré* (Anm. A. Thomsen).

12_Lokale Legenden verorten das irdische Paradies in Bahrain. Auch andere Länder behaupten von sich, der ursprüngliche Ort des Gartens Eden zu sein. Doch kann keines von ihnen einen Baum des Lebens vorweisen, der sich noch immer gesund und munter auf ihrem Staatsgebiet erhebt.

13_In der Nähe von Tucson in Texas wurde 1960 eine *Prosopis juliflora* entdeckt, deren Wurzeln eine Tiefe von 53 Metern erreichten. Vgl. Walter S. Phillips: »Depth of Roots in Soil«, in: *Ecology 44*, 2, 1963, S. 424–467.

14_In den 1950er-Jahren wurden *Prosopis juliflora* und andere Vertreter der Gattung erneut in Bahrain eingeführt und – diesmal mit größerem Erfolg – für Wiederaufforstungsmaßnahmen eingesetzt.

06_Anmerkungen_Anachronisten

1_Botanischer Sammelbegriff für alle Reproduktionseinheiten, wie Sporen, Samen, Früchte, Teilfrüchte, Fruchtteile et cetera.

2_Mike D. Swaine und Thomas Beer: »Explosive seed dispersal in ›Hura Crepitans L. (Euphorbiaceae)‹«, in: *New Phytologist 78*, 1977, S. 695–708.

3_Der Evolutionäre Anachronismus ist ein Konzept der Evolutionsbiologie, das erstmals 1982 in der Zeitschrift *Science* vom Botaniker Daniel Janzen und dem Geologen Paul S. Martin in ihrem Artikel »Neotropical Anachronisms: The Fruit the Gomphotheres Ate« formuliert wurde.

4_Marc A. Carrasco et al.: »Quantifying the Extent of North American Mammal Extinction Relative to the Pre-Anthropogenic Baseline«, in: *PLoS ONE 4*, 12, 2009.

5_Paul S. Martin und Richard G. Klein (Hg.): *Quaternary Extinctions: A Prehistoric Revolution*, Tucson: University of Arizona Press 1984.

6_Den Arabern war die Insel, die sie *Dina Arobi* nannten, spätestens seit dem 10. Jahrhundert bekannt. Die Portugiesen erreichten sie 1505 und gaben ihr den Namen *Ilha do Cerne* (Schwaneninsel). Doch es blieb den Holländern vorbehalten, die erste Siedlung auf der bis 1598 unbewohnten Insel zu errichten.

7_Lewis Carroll war das Pseudonym von Charles Lutwidge Dodgson. Mit dem Dodo in *Alice im Wunderland* stellt Carroll sich selbst dar, indem er seinen richtigen Namen »Do-Do-Dodgson« ausspricht. Bekanntlich litt der Autor unter einer leichten Form des Stotterns.

8_Anthony Cheke und Julian P. Hume: *Lost Land of the Dodo: The Ecological History of Mauritius, Reunion, and Rodrigues* (New Haven: Yale University Press 2008) geben 1662 als Todesjahr des letzten Dodos an. Andere Quellen sprechen vom Jahr 1681.

9_Stanley A. Temple: »Plant-Animal Mutualism: Coevolution with Dodo Leads to Near Extinction of Plant«, in: *Science 197*, 1977, S. 885–886.

10_Matthias Schleuning et al.: »Ecological Networks Are More Sensitive to Plant than to Animal Extinction Under Climate Change«, in: *Nature Communications* 7, 2016.

Autor

Stefano Mancuso, geb. 1965, lehrt an der Universität Florenz und gilt international als einer der führenden Pflanzenforscher und Autoren im Bereich des »Nature Writing«. Mancusos Werke »Die Welt der Pflanzen ... und wie sie Geschichte machen« (2023) und »Die Pflanzen und ihre Rechte« (2021) sind ebenfalls bei Klett-Cotta erschienen.

Die Welt der Pflanzen
... und wie sie Geschichte machen
Stefano Mancuso
Klett-Cotta